Isabella Grigor'evna Bašmakova

Diophant
und
diophantische Gleichungen

T0222209

Springer Fachmedien Wiesbaden GmbH

Uni-Taschenbücher 360

ISBN 978-3-7643-0736-3   ISBN 978-3-0348-7357-4 (eBook)
DOI 10.1007/978-3-0348-7357-4

Titel des russischen Originals:
И. Г. Башмакова, Диофант и диофантовы уравнения
Наука, Москва 1972
Übersetzung aus dem Russischen: Dr. Ludwig Boll, Berlin
© Springer Fachmedien Wiesbaden 1974
Ursprünglich erschienen bei VEB Deutscher Verlag der Wissenschaften,
Berlin 1974

Frau Prof. Dr. Isabella Grigor'evna Bašmakova (geb. 1921) beendigte 1944 das Studium an der mechanisch-mathematischen Fakultät der Moskauer Universität und wurde 1948 zum Kandidaten und 1961 zum Doktor der physikalisch-mathematischen Wissenschaften promoviert. Gegenwärtig ist sie als Professorin an der mechanisch-mathematischen Fakultät der Staatlichen Moskauer Lomonosov-Universität tätig. Sie ist Korrespondierendes Mitglied der Académie Internationale d'histoire des Sciences in Paris.

UTB

Eine Arbeitsgemeinschaft der Verlage

Birkhäuser Verlag Basel und Stuttgart
Wilhelm Fink Verlag München
Gustav Fischer Verlag Stuttgart
Francke Verlag München
Paul Haupt Verlag Bern und Stuttgart
Dr. Alfred Hüthig Verlag Heidelberg
J. C. B. Mohr (Paul Siebeck) Tübingen
Quelle & Meyer Heidelberg
Ernst Reinhardt Verlag München und Basel
F. K. Schattauer Verlag Stuttgart—New York
Ferdinand Schöningh Verlag Paderborn
Dr. Dietrich Steinkopff Verlag Darmstadt
Eugen Ulmer Verlag Stuttgart
Vandenhoeck & Ruprecht in Göttingen und Zürich
Verlag Dokumentation Pullach bei München

Geleitwort

Die Wissenschaft arbeitet kumulativ. In der Mathematik und in den Naturwissenschaften gibt es keine unvollendeten Symphonien. Über Jahrhunderte hinweg können thematische Problemkreise ihre Dynamik behalten; im historischen Rückblick erscheinen dann lange, zusammenhängende Problemketten von einer faszinierenden Kontinuität des menschlichen Denkens. Es ist die Befriedigung grundlegender materieller und geistiger Bedürfnisse der Menschheit, die dem weitgespannten Bogen zwischen Vergangenheit und Gegenwart Stabilität verleiht.

Zugleich und andererseits liegt hierin der Umstand begründet, daß wissenschaftliche Fragestellungen der Vergangenheit in die Gegenwart und Zukunft hineinwirken können. Gerade die führenden Wissenschaftler waren sich der Fruchtbarkeit historischen Selbstverständnisses für ihre eigenen Forschungen bewußt. Die Abhandlungen von LAGRANGE zum Beispiel gehören zu den Kostbarkeiten auch der mathematik-historischen Literatur. Und wie wären die Leistungen von EULER und GAUSS, von EINSTEIN und v. LAUE möglich gewesen ohne die von ihnen selbst vorgenommene Einordnung in eine wissenschaftliche Tradition? Auch die durchgreifenden Revolutionen in der Wissenschaft bedeuten nichts anderes als die dialektische Überwindung eines zuvor bestätigten wissenschaftlichen Tatbestandes.

In diesem Sinne stellt die hier dargestellte Geschichte der Diophantischen Analysis geradezu einen klassischen Fall aktueller Geschichte der Mathematik dar. Der historische Bogen spannt sich über mehr als 17 Jahrhunderte, vom Ausgang der Antike bis zum Beginn des 20. Jahrhunderts, ohne daß eine künstliche Reaktivierung der Leistungen von DIOPHANT notwendig geworden wäre.

Die Autorin des vorgelegten Büchleins ist eine erfahrene und erfolgreiche Historikerin der Mathematik. Frau Prof. Dr. I. G. Bašmakova wurde 1921 geboren, beendete 1944 das Studium an der mechanisch-mathematischen Fakultät der Moskauer Universität und wurde 1948 zum Kandidaten und 1961 zum Doktor der physikalisch-mathematischen Wissenschaften promoviert. Gegenwärtig arbeitet sie als Professorin an der mechanisch-mathematischen Fakultät der Staatlichen Moskauer Lomonosov-Universität. Sie ist Mitglied der Académie Internationale d'Histoire des Sciences in Paris.

Frau Professor Bašmakova hat sich seit vielen Jahren erfolgreich mit der antiken Mathematik und ihrem Weiterwirken in der Mathematik der Neuzeit beschäftigt. So verfaßte sie 1950 einen „Abriß der Teilbarkeitslehre vom Altertum bis zum Ende des 19. Jahrhunderts", veröffentlichte 1958 „Vorlesungen" zur Geschichte der Mathematik im alten Griechenland und stellte 1966 in mehreren Abhandlungen das Verhältnis von Diophant und Fermat dar.

Der Verlag und ich rechnen es sich zur Ehre an, diese schöne, sowohl historisch-mathematische wie mathematisch-historische Arbeit dem deutschsprechenden Leser zugänglich machen zu können. Möge das Büchlein beitragen zur weiteren Festigung des natürlichen Bündnisses der Mathematiker mit den Mathematikhistorikern.

Leipzig, im Dezember 1973

Prof. Dr. sc. nat. H. Wussing
Vorsitzender des Nationalkomitees
der DDR für Geschichte und
Philosophie der Wissenschaften

Vorwort

Heutzutage hat wohl jeder, der sich von Berufs wegen oder aus Liebhaberei mit Mathematik beschäftigt, schon von diophantischen Gleichungen oder sogar von diophantischer Analysis gehört. In den letzten 15 bis 20 Jahren kam dieses Gebiet „in Mode", und zwar dank seiner engen Beziehungen zur algebraischen Geometrie, einem Mittelpunkt des Denkens der modernen Mathematiker. Dabei ist über denjenigen, welcher der unbestimmten Analysis den Namen gegeben hat, nämlich über DIOPHANT selbst, einen der interessantesten Gelehrten der Antike, fast nichts schriftlich überliefert. Von seinen Arbeiten haben selbst Wissenschaftshistoriker nur eine höchst verschwommene Vorstellung. Die meisten von ihnen glauben, DIOPHANT habe sich mit der Lösung einzelner Aufgaben bzw. unbestimmter Gleichungen mit Hilfe raffinierter, aber spezieller Methoden befaßt. Auf diese Einschätzungen DIOPHANTS gehen wir in § 4 näher ein.

Eine einfache Untersuchung der Aufgaben des DIOPHANT zeigt aber, daß er nicht nur das Problem stellte, unbestimmte Gleichungen in rationalen Zahlen zu lösen, sondern auch einige allgemeine Methoden zu ihrer Lösung angab. Dabei muß man beachten, daß in der antiken Mathematik allgemeine Methoden niemals in „reiner Form", losgelöst von den zu lösenden Aufgaben, dargelegt wurden. ARCHIMEDES[1] beispielsweise verfuhr folgendermaßen: Bei der Bestimmung des Flächeninhalts der Ellipse, des Parabelsegments und der Kugeloberfläche, des Volumens der Kugel und anderer Körper verwendete er die Methode der Integralsummen und des Grenzübergangs, gab aber nirgends eine allgemeine abstrakte Beschreibung dieser Methoden. Die Gelehrten

---

[1] ARCHIMEDES (287—212 v. u. Z.).

des 16. und 17. Jahrhunderts mußten seine Werke sorgfältig
studieren und neu übertragen, bis sie die von ihm verwendeten
Methoden herausfanden. Analog steht die Sache mit DIOPHANT.
Seine Methoden wurden von VIÈTE (VIETA)[1]) und FERMAT[2]), d. h.
zur selben Zeit, als auch ARCHIMEDES begriffen wurde, verstanden
und zur Lösung neuer Probleme verwendet. Bei unseren Untersuchungen werden wir auf den Spuren VIÈTES und FERMATS wan-
deln, d. h. *die Lösung konkreter Aufgaben analysieren, um die
dabei verwendeten allgemeinen Methoden zu erfassen.*

Während die Geschichte der Integrationsmethoden des ARCHI-
MEDES im wesentlichen durch die Schaffung der Integral- und
Differentialrechnung durch NEWTON[3]) und LEIBNIZ[4]) zu einem
gewissen Abschluß kam, setzt sich die Geschichte der Methoden des DIOPHANT noch einige hundert Jahre fort und ver-
schmilzt mit der Entwicklung der Theorie der algebraischen
Funktionen und der algebraischen Geometrie. Die Entwicklung
der Ideen DIOPHANTS läßt sich bis zu den Arbeiten HENRI
POINCARÉS[5]) und ANDRÉ WEILS[6]) verfolgen. Auch aus diesem
Grunde ist die Geschichte der diophantischen Analysis höchst
interessant.

Das vorliegende Büchlein befaßt sich mit den grundlegenden
Methoden des DIOPHANT zur Lösung unbestimmter Gleichungen
zweiten und dritten Grades in rationalen Zahlen sowie mit ihrer
Geschichte. Beiläufig betrachten wir auch das Problem, welchen
Zahlenbereich und welche Buchstabensymbolik DIOPHANT be-
nutzte. Über dieses höchst einfache Problem herrscht bis heute
keine Klarheit. Die meisten Wissenschaftshistoriker nehmen an,
DIOPHANT habe sich auf den Bereich der positiven rationalen
Zahlen beschränkt und die negativen Zahlen nicht gekannt. Wir
dagegen wollen zeigen, daß das nicht zutrifft und daß DIOPHANT

---

[1]) FRANÇOIS VIÈTE (1540—1603).
[2]) PIERRE DE FERMAT (1601—1665).
[3]) ISAAC NEWTON (1642—1727).
[4]) GOTTFRIED WILHELM LEIBNIZ (1646—1716).
[5]) HENRI POINCARÉ (1854—1912).
[6]) ANDRÉ WEIL (geb. 1902).

gerade in seiner *Arithmetik* den Zahlenbereich zum Körper Q der rationalen Zahlen erweitert hat.

Ich hoffe, daß dieses Büchlein den Leser mit einer neuen Seite der antiken Arithmetik bekannt macht. Die meisten von uns stehen ja unter dem Eindruck der *Elemente* des EUKLID[1]) sowie der Werke des ARCHIMEDES und des APOLLONIUS[2]). Darüber hinaus wird uns DIOPHANT die nicht weniger reichhaltige und farbige Welt der Arithmetik und Algebra eröffnen.

Selbstverständlich können wir hier nicht das gesamte Werk des DIOPHANT und noch viel weniger die ganze diophantische Analysis und ihre Geschichte betrachten. Wie wir schon sagten, werden wir uns im wesentlichen mit demjenigen Gebiet beschäftigen, das als Arithmetik der algebraischen Kurven bezeichnet wird, also dem Aufsuchen der rationalen Punkte algebraischer Kurven (dem Aufsuchen der *rationalen* Lösungen einer einzigen algebraischen Gleichung zweier Veränderlicher) und der Untersuchung der Struktur dieser Lösungsmenge. Daher findet der Leser hier nicht die Geschichte des Problems der Lösung unbestimmter Gleichungen in *ganzen* Zahlen, mit dem sich FERMAT, EULER[3]), LAGRANGE[4]) und LEGENDRE[5]) beschäftigt haben und mit dem man sich auch heute weiterhin befaßt. Wir werden auch das schwierige und subtile Problem der Existenz einer rationalen (oder ganzen) Lösung einer unbestimmten Gleichung mit ganzrationalen Koeffizienten nicht berühren, weil dieses Problem aus dem Fragenkreis herausführt, der unmittelbar auf DIOPHANT zurückgeht. Schließlich werden wir auch die Geschichte des zehnten Hilbertschen Problems nicht berühren, das darin besteht, ein allgemeines Verfahren zu finden (oder zu zeigen, daß es kein solches gibt), „nach welchem sich mittels einer endlichen Anzahl von Operationen entscheiden läßt, ob die Gleichung in ganzen rationalen Zahlen lösbar ist" [1][6]).

---

[1]) EUKLID von Alexandria (365?—300? v. u. Z.).
[2]) APOLLONIUS von Perge (262?—190? v. u. Z.).
[3]) LEONHARD EULER (1707—1783).
[4]) JOSEPH LOUIS LAGRANGE (1736—1813).
[5]) ADRIEN MARIE LEGENDRE (1752—1833).
[6]) Vgl. das Quellenverzeichnis auf S. 92.

Dieses Büchlein ist für einen breiten Leserkreis bestimmt: Es kann von Mathematikdozenten an Fachschulen, Lehrern an Oberschulen, Studenten an physikalisch-mathematischen Fakultäten von Universitäten und Pädagogischen Hochschulen, Ingenieuren und auch schon von Schülern der oberen Klassen von Mathematik-Spezialschulen benutzt werden. Allerdings braucht man zum Verständnis Kenntnisse aus der analytischen Geometrie und den Elementen der Differential- und Integralrechnung, so daß Schülern nicht alle Abschnitte in gleichem Maße zugänglich sein werden. Um die Benutzung zu erleichtern, geben wir hier einige Hinweise, die zeigen, wie das Buch aufgebaut ist und welche Paragraphen ohne Beeinträchtigung des Verständnisses des wesentlichen Inhalts beim ersten Lesen übersprungen werden können.

In § 1 wird über DIOPHANT selbst berichtet, in § 2 ist die Rede von dem Zahlensystem und der Symbolik, die er benutzte, § 3 bringt die Grundtatsachen aus der Theorie der diophantischen Gleichungen und der algebraischen Geometrie, die zum Verständnis des Folgenden unerläßlich sind. Der § 4 befaßt sich mit den Einschätzungen der Methoden DIOPHANTS durch Mathematikhistoriker. In den §§ 5 und 6 werden Aufgaben DIOPHANTS dargelegt, und es wird untersucht, mit welchen Methoden er unbestimmte Gleichungen zweiten und dritten Grades löste. An dieser Stelle werden homogene oder projektive Koordinaten herangezogen. Der § 7 bringt einige Aufgaben DIOPHANTS, die zahlentheoretische Untersuchungen erfordern. Diese Aufgaben erlauben es, Schlüsse auf den Umfang des Wissens der antiken Mathematiker auf zahlentheoretischem Gebiet zu ziehen. Alle weiteren Paragraphen (d. h. §§ 8—13) befassen sich mit der Geschichte der Methoden DIOPHANTS von den Untersuchungen VIÈTES und FERMATS bis zu den zwanziger Jahren unseres Jahrhunderts. In § 10 wird das Eulersche Additionstheorem für elliptische Integrale und seine Anwendung zum Aufsuchen der rationalen Punkte einer Kurve dritter Ordnung bei JACOBI[1]) abgehandelt. Um diesen Paragraphen verstehen zu können, muß der Leser mit dem Begriff des uneigent-

---

[1]) CARL GUSTAV JAKOB JACOBI (1804—1851).

lichen Integrals vertraut sein. Schüler können ihn übergehen. Die Lektüre von § 11 müssen sie dann mit dem dritten Absatz bei den Worten „Jetzt können wir mit der Addition von Punkten ...“ beginnen.

In den §§ 12 und 13, in denen von den Arbeiten H. POINCARÉS und einigen späteren Resultaten die Rede ist, wurden viele Probleme schematisch behandelt, andere, die die Einführung neuer, komplizierter Begriffe erfordert hätten, weggelassen. Insgesamt hoffe ich, daß der Leser eine Vorstellung von dem Werk DIOPHANTS und der Geschichte der Arithmetik algebraischer Kurven erhält und vielleicht Interesse an diesem schönen Gebiet der Mathematik gewinnt.

Meinen Kollegen A. I. LAPIN und I. R. ŠAFAREVIČ möchte ich für viele wertvolle Bemerkungen und Hinweise von Herzen danken.

I. G. BAŠMAKOVA

Inhalt

§ 1. Diophant

DIOPHANT ist eines der größten Rätsel in der Geschichte der Wissenschaft. Wir wissen weder genau, zu welcher Zeit er lebte, noch kennen wir seine Wegbereiter, die auf demselben Gebiet gearbeitet haben.

Die Zeit, während der DIOPHANT gelebt haben könnte, umfaßt ein halbes Jahrtausend. Die untere Grenze dieser Spanne läßt sich leicht bestimmen. In seinem Buch über Polygonalzahlen erwähnt DIOPHANT mehrmals den Mathematiker HYPSIKLES von Alexandria, der um die Mitte des 2. Jahrhunderts v. u. Z. lebte. Andererseits sind in den Kommentaren des THEON von Alexandria zum *Almagest* des bekannten Astronomen PTOLEMÄUS Auszüge aus den Werken DIOPHANTS angeführt. THEON lebte um die Mitte des 4. Jahrhunderts u. Z. Dadurch ergibt sich die obere Grenze der fraglichen Zeitspanne. Sie umfaßt also tatsächlich 500 Jahre.

Der französische Wissenschaftshistoriker PAUL TANNERY, Herausgeber des vollständigsten Textes von DIOPHANTS Arbeiten, versuchte dieses Zeitintervall einzuengen. In der Bibliothek des Escorial fand er Auszüge aus einem Brief MICHAEL PSELLUS', eines byzantinischen Gelehrten des elften Jahrhunderts, in dem es heißt, daß „der hochgelehrte Anatolius, nachdem er die wesentlichsten Teile dieser Lehre (es handelt sich um die Einführung der Potenzen der Unbekannten und um ihre Bezeichnungen) zusammengestellt hatte, ..., sie seinem Freund Diophant widmete". ANATOLIUS von Alexandria hat tatsächlich eine *Einführung in die Arithmetik* verfaßt, aus der Ausschnitte in den uns überlieferten Werken des JAMBLICHOS und EUSEBIOS zitiert sind. Nun lebte ANATOLIUS in Alexandria um die Mitte des 3. Jahrhunderts u. Z., mindestens bis 270, als er Bischof von Laodicea wurde. Das heißt aber, daß seine Freundschaft mit DIOPHANT, den alle den Alexan-

driner nennen, in dieser Zeit bestanden haben muß. Wenn also der
berühmte alexandrinische Mathematiker und der Freund des ANA-
TOLIUS namens DIOPHANT ein und dieselbe Person sind, muß DIO-
PHANT um die Mitte des 3. Jahrhunderts u. Z. gelebt haben.

Die *Arithmetik* des DIOPHANT selbst ist dem „sehr verehrten
Dionysios" gewidmet, wie aus dem Text der „Einleitung" hervor-
geht, und befaßt sich mit der Arithmetik und ihrer Unterweisung.
Obwohl der Name DIONYSIOS damals ziemlich verbreitet war,
nahm TANNERY an, daß man den „sehr verehrten Dionysios"
unter den bekannten Leuten der Epoche zu suchen hätte, welche
hervorragende Funktionen bekleideten. Es zeigte sich, daß im
Jahre 247 ein gewisser DIONYSIOS, der bis zum Jahre 231 Leiter
des christlichen Gymnasiums der Stadt war, Bischof in Alexandria wurde. Daher identifizierte TANNERY diesen DIONYSIOS
mit demjenigen, dem DIOPHANT seine Arbeit widmete, und ge-
langte zu dem Schluß, DIOPHANT habe um die Mitte des 3. Jahrhunderts u. Z. gelebt. Da wir nichts Besseres zur Verfügung haben,
müssen wir diese Angaben akzeptieren.

Dagegen ist der Ort, an dem DIOPHANT lebte, wohlbekannt; es
ist das berühmte Alexandria, das Zentrum des wissenschaftlichen
Denkens der hellenistischen Welt.

Nach dem Zerfall des Riesenreichs ALEXANDERS des Großen
von Mazedonien gegen Ende des 4. Jahrhunderts v. u. Z. fiel
Ägypten seinem Heerführer PTOLEMÄUS LAGOS zu, der eine neue
Stadt, nämlich Alexandria, zur Hauptstadt machte. Schnell
wurde diese vielsprachige Handelsstadt zu einer der größten
Städte des Altertums. In ihren Dimensionen übertraf sie in der
Folgezeit sogar Rom, allerdings erst nach längerer Zeit. Und eben
diese Stadt war viele Jahrhunderte hindurch das wissenschaftliche
und kulturelle Zentrum der antiken Welt. Das hing damit zusammen, daß PTOLEMÄUS LAGOS das *Museion* gegründet hatte,
einen Tempel der Musen, eine Art Akademie der Wissenschaften,
wohin die hervorragendsten Gelehrten eingeladen wurden; dabei
legten diese selbst den Inhalt der Arbeit fest, so daß ihr Hauptan-
liegen darin bestand, Betrachtungen anzustellen und Gespräche
mit anderen Gelehrten zu führen. Bei dem Museion wurde die

berühmte Bibliothek errichtet, die in ihren besten Tagen mehr als 700000 Handschriften umfaßte. Es ist nicht überraschend, daß Gelehrte und wissensdurstige junge Leute aus der ganzen Welt nach Alexandria strömten, um berühmte Philosophen zu hören, Astronomie und Mathematik zu studieren und sich in den kühlen Sälen der Bibliothek in das Studium der einmaligen Handschriften vertiefen zu können.

Das Museion überlebte die Dynastie der Ptolemäer. In den ersten Jahrhunderten vor unserer Zeitrechnung geriet es in zeitweiligen Verfall, was mit dem allgemeinen Niedergang des Geschlechts der Ptolemäer im Zuge der römischen Eroberungen zusammenhing (Alexandria wurde im Jahre 31 v. u. Z. endgültig von den Römern erobert); danach aber, im 1. Jahrhundert u. Z., erstand es neu, nun schon von den römischen Imperatoren unterhalten. Alexandria blieb weiterhin wissenschaftliches Zentrum der Welt. Rom war in dieser Beziehung niemals ein Konkurrent: In Rom existierten keine (Natur-)Wissenschaften, und die Römer wahrten das Vermächtnis VERGILS, der geschrieben hatte:

„Andere werden das Erz — ich glaub' es — zarter beseelen,
Schöner des Marmors Gestein in lebende Züge verwandeln,
Besser verfechten das Recht, genauer die Bahnen des Himmels
Messen mit zeichnendem Stab und der Sterne Aufgang bestimmen.
Du sei, Römer, bedacht, den Völkern als Herr zu gebieten —" [2].

Und wenn im 3. und 2. Jahrhundert v. u. Z. das Museion sich durch Namen wie EUKLID, APOLLONIUS, ERATOSTHENES und HIPPARCHOS auszeichnete, so arbeiteten dort im 1. bis 3. Jahrhundert u. Z. Gelehrte wie HERON, PTOLEMÄUS und DIOPHANT.

Alles Bekannte über die Persönlichkeit DIOPHANTS findet sich in einem uns überlieferten Rätselgedicht (das hier wie in WUSSING [4] nach M. CANTOR zitiert ist — *Anm. d. Übers.*):

„Hier dies Grabmal deckt Diophantos. Schaut das Wunder!
Durch des Entschlafenen Kunst lehret sein Alter der Stein.
Knabe zu sein gewährte ihm Gott ein Sechstel des Lebens;
Noch ein Zwölftel dazu, sproßt' auf der Wange der Bart;
Dazu ein Siebentel noch, da schloß er das Bündnis der Ehe,
Nach fünf Jahren entsprang aus der Verbindung ein Sohn.

Wehe, das Kind, das vielgeliebte, die Hälfte der Jahre
Hatt' es des Vaters erreicht, als es dem Schicksal erlag.
Drauf vier Jahre hindurch durch der Größen Betrachtung den Kummer
Von sich scheuchend auch er kam an das irdische Ziel."

Hieraus errechnet man leicht, daß Diophant 84 Jahre alt
wurde.[1]) Dazu bedarf es jedoch nicht der diophantschen Kunstgriffe. Es genügt, eine Gleichung ersten Grades mit einer Unbekannten lösen zu können, und das konnten die ägyptischen
Schreiber schon 2000 Jahre vor unserer Zeitrechnung.

Das größte Rätsel bietet aber das Werk Diophants. Uns sind
sechs von dreizehn Büchern überliefert, die in der *Arithmetik*
vereinigt waren. Stil und Inhalt dieser Bücher sind ganz anders
als in den klassischen antiken Werken zur Zahlentheorie und
Algebra, anders, als wir sie aus den *Elementen* des Euklid, seinen
Dedomena (= Data, Gegebenheiten), den Lemmata aus den
Werken des Archimedes und des Apollonius kennen. Die
Arithmetik ist zweifellos das Resultat zahlreicher Untersuchungen,
die uns völlig unbekannt geblieben sind. Wir können über ihre
Wurzeln nur Mutmaßungen anstellen und den Reichtum und die
Schönheit ihrer Methoden und Ergebnisse bewundern.

Die *Arithmetik* des Diophant ist eine Sammlung von (insgesamt
189) Aufgaben; jeder sind eine Lösung (oder Lösungsverfahren)
und notwendige Erläuterungen beigegeben. Daher scheint es auf
den ersten Blick, als handele es sich nicht um eine theoretische
Arbeit. Beim aufmerksamen Studium wird aber deutlich, daß die
Aufgaben sorgfältig ausgewählt sind und zur Illustration ganz
bestimmter wohldurchdachter Methoden dienen. Wie im Altertum
üblich, werden die Methoden nicht in allgemeiner Form dargelegt,
sondern zur Lösung von Aufgaben eines bestimmten Typs wiederholt benutzt.

Der Autor stellte dem ersten Buch eine „allgemeine Einleitung"
voran, auf die wir näher eingehen werden.

---

[1]) Da die Formulierung dieser Aufgabe keineswegs eindeutig ist, kann man
— wenn nicht-ganzzahlige Lösungen zugelassen werden — auch zu dem
Ergebnis kommen, Diophant sei $65^1/_3$ Jahre alt geworden. Vgl. Heath [1]. —
Anm. d. Übers.

§ 2. Zahlen und Symbole

DIOPHANT beginnt damit, daß er Grundbegriffe definiert und die Buchstabensymbole beschreibt, die er verwendet.

In der klassischen griechischen Mathematik, die in den *Elementen* EUKLIDS ihre Vollendung fand, verstand man unter dem Wort *Zahl* (ἀριθμός — arithmos, daher das Wort Arithmetik für die Wissenschaft von den Zahlen) eine bestimmte Anzahl von Einheiten, also eine *ganze* Zahl. Weder Brüche noch Irrationalitäten wurden mit dem Terminus Zahl bezeichnet. Strenggenommen kommen in den *Elementen* keine Brüche vor. Die Einheit wird als unteilbar angesehen, und anstelle von Bruchteilen der Einheit werden Verhältnisse ganzer Zahlen betrachtet. Irrationalitäten erscheinen als Verhältnisse inkommensurabler Strecken; beispielsweise war die heute von uns mit $\sqrt{2}$ bezeichnete Zahl für die Griechen der klassischen Epoche das Verhältnis der Diagonalen eines Quadrates zu seiner Seite. Von negativen Zahlen war ebenfalls keine Rede. Für sie gab es nicht einmal etwas Äquivalentes. Ein völlig anderes Bild finden wir bei DIOPHANT.

DIOPHANT führt die traditionelle Definition einer Zahl als Anzahl von Einheiten an[1]), sucht jedoch im Verlaufe seiner weiteren Darlegungen für seine Aufgaben *positive rationale Lösungen* und benutzt für jede solche Lösung das Wort *Zahl* (ἀριθμός — arithmos).

Damit begnügt er sich aber nicht. DIOPHANT führt *negative* Zahlen ein; er bezeichnet sie mit dem speziellen Terminus λεῖψις (leipsis) — abgeleitet von dem Verbum λεῖπω (leipo), was fehlen, mangeln bedeutet, so daß man dieses Wort selbst mit

---

[1]) „Du weißt, daß alle Zahlen aus einer gewissen Zahl von Einheiten zusammengesetzt sind" (vgl. CZWALINA [3], S. 5). — *Anm. d. Übers.*

Mangel oder Defekt übersetzen könnte. In dieser Weise verfährt übrigens der bekannte russische Wissenschaftshistoriker I. TIMČENKO [3].

Eine positive Zahl bezeichnet DIOPHANT mit dem Wort ὕπαρξις (iparxis), was Existenz, Seiendes bedeutet, während die Mehrzahlform für Vermögen oder Guthaben gebraucht werden kann. Somit ist die Ausdrucksweise DIOPHANTS für vorzeichenbehaftete Zahlen derjenigen sehr ähnlich, die im Mittelalter im Fernen Osten und in Europa verwendet wurde. Wahrscheinlich war diese einfach eine Übersetzung aus dem Griechischen ins Arabische, Sanskrit, Lateinische und dann in verschiedene europäische Sprachen.

Es sei darauf hingewiesen, daß man das Wort λεῖψις (leipsis) nicht mit „abzuziehend" übersetzen darf, wie das viele Diophant-Übersetzer tun (beispielsweise noch G. WERTHEIM [2], S. 6. — Anm. d. Übers.), weil DIOPHANT für die Rechenart Subtraktion völlig andere Termini verwendet, nämlich ἀφελεῖν (aphelein) oder ἀφαιρεῖν (aphairein), die von dem Verbum ἀφαιρέω (aphaireo) abgeleitet sind. DIOPHANT selbst verwendet bei Umformungen von Gleichungen häufig den Standardausdruck „wir fügen auf beiden Seiten λεῖψις hinzu".

Wir sind auf die philologische Analyse des Diophantschen Textes deshalb so ausführlich eingegangen, um den Leser davon zu überzeugen, daß wir nicht vom Original abweichen, wenn wir die betreffenden Termini des DIOPHANT mit „positiv" bzw. „negativ" übersetzen.

DIOPHANT formuliert für negative Zahlen folgende Vorzeichenregel:

„Das Produkt zweier verneinter Größen ist positiv, das Produkt einer verneinten und einer positiven Größe negativ." (CZWALINA [3], S. 6. — Anm. d. Übers.). [Dagegen heißt es bei WERTHEIM [2], S. 6: „Eine abzuziehende Zahl, mit einer abzuziehenden multipliziert, giebt eine hinzuzufügende; eine abzuziehende Zahl dagegen, mit einer hinzuzufügenden multipliziert, giebt eine abzuziehende Zahl." — Anm. d. Übers.] „Das Unterscheidungszeichen für etwas Negatives ist ⋀, ein umgedrehtes und abgekürztes ψ." (Dieser Satz fehlt bei CZWALINA, bei WERTHEIM [2], S. 6, lautet er: „Das Zeichen der Subtraktion ist ⅄ (ein verstümmeltes und umgekehrtes ψ)." — Anm. d. Übers.)

Weiter schreibt er:

„Nachdem ich Dir die Multiplikation der Potenzen und ihrer reziproken Werte erklärt habe, ist auch die Division dieser Ausdrücke klar. Für den Anfänger der Wissenschaft ist es nun gut, wenn er sich in der Addition, Subtraktion und Multiplikation algebraischer Ausdrücke übt. Er muß wissen, wie man positive und negative Ausdrücke mit verschiedenen Koeffizienten zu anderen Ausdrücken hinzufügt, die selbst beide positiv oder auch positiv und negativ sein können, und wie man von Ausdrücken, die Summen oder Differenzen sein können, andere Größen wegnimmt, die ihrerseits Summen oder Differenzen sein können." (Vgl. CZWALINA [3], S. 6. — *Anm. d. Übers.*).

Es sei darauf hingewiesen, daß DIOPHANT zwar nur rationale positive Lösungen sucht, aber bei Zwischenrechnungen gern negative Zahlen benutzt.

Man kann also feststellen, daß DIOPHANT den Zahlenbereich bis zum Körper der rationalen Zahlen erweiterte, in dem sich alle vier Grundrechenarten unbeschränkt ausführen lassen.

In der *Arithmetik* finden sich erstmals Buchstabensymbole. DIOPHANT führte folgende Bezeichnungen für die ersten sechs Potenzen x, x^2, ..., x^6 einer Unbekannten x ein:

für die erste Potenz ς;

für die zweite $\varDelta^{\bar{v}}$, von $\varDelta\acute{v}v\alpha\mu\iota\varsigma$ (dynamis), was Kraft, Potenz bedeutet;

für die dritte $K^{\bar{v}}$ von $K\acute{v}\beta o\varsigma$ (kubos), Würfel;

für die vierte $\varDelta^{\bar{v}}\varDelta$ von $\varDelta\acute{v}v\alpha\mu o\delta\acute{v}v\alpha\mu\iota\varsigma$ (dynamodynamis), Quadratquadrat, d. h. Biquadrat;

für die fünfte $\varDelta K^{\bar{v}}$ von $\varDelta\acute{v}v\alpha\mu o\varkappa\acute{v}\beta o\varsigma$ (dynamokubos), Quadratkubus;

für die sechste $K^{\bar{v}}K$ von $K\acute{v}\beta o\varkappa\acute{v}\beta o\varsigma$ (kubokubos).

Das konstante Glied, also x^0, bezeichnete DIOPHANT mit $\dot{M}$, d. h. mit den ersten beiden Buchstaben des Wortes $\mu ov\acute{\alpha}\varsigma$ (Monas), was Einheit bedeutet.

DIOPHANT führte ein spezielles Zeichen für negative Exponenten ein, nämlich $^{\times}$, und konnte dadurch die ersten sechs negativen Potenzen der Unbekannten bezeichnen. So schrieb er beispielsweise $\varDelta^{\bar{v}\times}$, $K^{\bar{v}\times}$ für x^{-2}, x^{-3}.

Er besaß also eine Symbolik zur Bezeichnung einer Unbekannten und ihrer positiven und negativen Potenzen bis zum sechsten Grade. Bezeichnungen für eine zweite Unbekannte führte er nicht ein, wodurch die Lösung von Aufgaben sehr erschwert wurde. Manchmal benutzte er im Laufe ein und derselben Aufgabe das Symbol ς zur Bezeichnung sowohl der ersten als auch einer zweiten Unbekannten. Außer diesen Symbolen gebrauchte DIOPHANT das Zeichen □ für ein unbestimmtes Quadrat. Wenn beispielsweise nach den Voraussetzungen einer Aufgabe die Summe des Produktes zweier Zahlen und einer dieser Zahlen gleich einem Quadrat sein sollte, so beschrieb er das durch □.

Außerdem formuliert DIOPHANT die Regel für die Multiplikation von x^m mit x^n für positive und negative m und n, also für $|m| \leq 6$, $|n| \leq 6$.

Um die Gleichheit zweier Größen zu bezeichnen, benutzt er das Zeichen ἴσ, die ersten beiden Buchstaben des Wortes ἴσος (isos), d. h. gleich. Dadurch ist es ihm möglich, Gleichungen mit Hilfe von Buchstaben aufzuschreiben, beispielsweise

$$202x^2 + 13 - 10x = 13,$$

genauer

$$x^2 202 + x^0 13 - x10 = x^0 13$$

in der Gestalt

$$\Delta^\vartheta \overline{\sigma\beta} \mathring{M} \overline{\iota\gamma} \wedge \varsigma \bar{\iota} \iota \sigma \mathring{M} \overline{\iota\gamma}.$$

Zur Erläuterung sei gesagt, daß die Griechen Zahlen mit Hilfe der Buchstaben des Alphabets schrieben, über die sie einen Strich setzten. Die ersten neun Buchstaben $\bar{\alpha}$, $\bar{\beta}$, ..., $\bar{\vartheta}$ wurden zur Bezeichnung der Zahlen 1 bis 9 benutzt, die nächsten neun Buchstaben bezeichneten die Zehner von 10 bis 90, die folgenden neun die Hunderter.[1]) Beispielsweise ist also $\bar{\sigma} = 200$, $\bar{\beta} = 2$, daher $\overline{\sigma\beta}$ die Zahl 202, $\bar{\iota} = 10$, $\bar{\gamma} = 3$, also $\overline{\iota\gamma} = 13$.

Ferner formuliert DIOPHANT in der „Einleitung" (WERTHEIM [2], S. 1 — Anm. d. Übers.) die Regeln für das Umformen von

---

[1]) Das aus 24 Buchstaben bestehende Alphabet wurde dabei um drei ältere Buchstaben erweitert. — Anm. d. Herausg.

Gleichungen: die Addition gleicher Ausdrücke zu beiden Seiten einer Gleichung sowie die Zusammenfassung von Gliedern gleichen Grades. Diese beiden Regeln wurden in der Folgezeit unter den arabischen Bezeichnungen *Aldschebr* und *Almukabala* weithin bekannt.

Wir sehen also, daß zwar zur Benennung und Bezeichnung der Potenzen der Unbekannten noch die geometrischen Termini Quadrat, Kubus usw. benutzt werden (die sich übrigens bis in unsere Tage erhalten haben), DIOPHANT bei der Aufstellung von Gleichungen jedoch ruhig Quadrate und Kuben auf einer Seite der Gleichung addiert, d. h. die Größen nicht wie geometrische Gebilde, sondern wie Zahlen behandelt.[1]

Darüber hinaus gelang es ihm, Quadratquadratzahlen (= Biquadrate), Quadratkubikzahlen usw. einzuführen, natürlich nicht im Zusammenhang mit Räumen höherer Dimension; er wandte also die geometrische Terminologie nur auf Grund einer vorhandenen Tradition an.

Wir finden somit bei DIOPHANT einen völlig neuen Aufbau der Algebra, der sich schon nicht mehr auf die Geometrie stützt, wie das bei EUKLID der Fall war, sondern auf die Arithmetik. Es ist jedoch keine einfache Hinwendung zur babylonischen Zahlenalgebra, sondern der Beginn des Aufbaus einer Buchstabenalgebra, welche bei DIOPHANT die angemessene Ausdrucksweise findet.

---

[1] In der sogenannten „geometrischen Algebra" der Griechen war die Addition nur für homogene Größen definiert, d. h., man konnte Strecken zu Strecken, Flächeninhalte zu Flächeninhalten, nicht aber eine Strecke zu einem Flächeninhalt — eine Seite zu einem Quadrat — addieren. Die Addition wurde als geometrische Operation („Aneinanderlegen"), aber nicht als arithmetische Addition der entsprechenden (Maß)zahlen aufgefaßt.

§ 3. Diophantische Gleichungen

In der *Arithmetik* des DIOPHANT setzen uns jedoch nicht nur die völlig neue Sprache und die kühne Erweiterung des Zahlenbereichs in Erstaunen, sondern insbesondere auch die Probleme, die er stellt und löst.

Um das Wesen dieser Probleme verstehen und die Methoden des DIOPHANT untersuchen zu können, müssen einige Ausführungen über die algebraische Geometrie und die Theorie der (heute allgemein als „diophantisch" bezeichneten) unbestimmten Gleichungen vorangestellt werden. Heutzutage formuliert man die Aufgabe, unbestimmte Gleichungen zu lösen, folgendermaßen: Es seien m Polynome in $n > m$ Unbekannten $f_1(x_1, ..., x_n), ..., f_m(x_1, ..., x_n)$ mit Koeffizienten aus einem Körper k gegeben.[1])

Es soll die Menge $M(\mathrm{k})$ aller rationalen Lösungen des Systems

$$\left.\begin{array}{l} f_1(x_1, ..., x_n) = 0, \\ \cdot\,\cdot\,\cdot\,\cdot\,\cdot\,\cdot\,\cdot\,\cdot\,\cdot\,\cdot\,\cdot\,\cdot\,\cdot\,\cdot \\ f_m(x_1, ..., x_n) = 0 \end{array}\right\} \tag{1}$$

gefunden und ihre algebraische Struktur ermittelt werden.

Dabei wird eine Lösung $(x_1^{(0)}, ..., x_n^{(0)})$ *rational* genannt, wenn $x_i^{(0)} \in \mathrm{k}$ für alle $1 \leq i \leq n$ gilt.

---

[1]) Unter einem *Körper* versteht man eine Menge von Elementen, mit denen man nach den gewöhnlichen Rechenregeln alle vier Grundrechenoperationen (mit Ausnahme der Division durch Null) ausführen kann. Dabei gehört das Resultat jeder dieser Operationen mit je zwei Elementen des Körpers wieder dem Körper an. Beispiele für Körper sind die Menge aller rationalen Zahlen, die Menge aller Zahlen der Gestalt $a + b\sqrt{2}$, die Menge aller reellen Zahlen. Ein mit dem Begriff des Körpers nicht vertrauter Leser kann annehmen, daß sich alle unsere Überlegungen auf den Körper Q der rationalen Zahlen beziehen.

Naturgemäß hängt die Menge $M(k)$ vom Körper k ab. So hat die Gleichung $x^2 + y^2 = 3$ keine einzige rationale Lösung im Körper Q der rationalen Zahlen, aber unendlich viele Lösungen im Körper $Q(\sqrt{3})$, d. h. in der Menge der Zahlen $a + b\sqrt{3}$ mit rationalen a und b.[1])

Die für die Zahlentheorie wichtigsten Fälle sind

1. die Menge k ist der Körper Q der rationalen Zahlen,

2. die Menge k ist der Restklassenkörper nach einem Primzahlmodul p.

DIOPHANT betrachtete den ersten dieser beiden Fälle, und auch wir werden im folgenden $k = Q$ voraussetzen.

Wir beschränken uns auf die Betrachtung solcher diophantischen Aufgaben, die sich auf eine Gleichung in zwei Unbekannten zurückführen lassen, d. h. auf den Fall $m = 1$, $n = 2$:

$$f(x, y) = 0. \qquad (2)$$

Eine solche Gleichung bestimmt in der Ebene $R^{(2)}$ eine *algebraische Kurve* Γ. Eine rationale Lösung von (2) nennen wir einen *rationalen Punkt* der Kurve Γ. Im folgenden werden wir uns oft der Sprache der Geometrie bedienen, obwohl DIOPHANT selbst sie nicht verwendet. Jedoch ist diese geometrische Ausdrucksweise in unseren Tagen zu einem integrierenden Bestandteil des mathematischen Denkens geworden, so daß sich viele Tatsachen leichter verstehen und mit ihrer Hilfe auch leichter erarbeiten lassen.[2])

Zunächst müssen wir die Gleichungen (2) oder, was dasselbe ist, die algebraischen Kurven irgendwie klassifizieren. Die natürlichste und historisch erste Klassifizierung geht von ihrer *Ordnung* aus.

---

[1]) Summe, Differenz und Produkt zweier Zahlen der Gestalt $a + b\sqrt{3}$ haben offenbar wieder diese Gestalt. Der Leser möge beweisen, daß auch der Quotient zweier solcher Zahlen auf die Form $a + b\sqrt{3}$ gebracht werden kann, d. h., daß $Q(\sqrt{3})$ tatsächlich ein Körper ist.

[2]) Der Leser vergleiche hierzu etwa DIEUDONNÉ, Grundzüge der modernen Analysis, Berlin 1972, insbesondere das Vorwort von G. KÖTHE. — *Anm. d. Übers.*

Wir erinnern daran, was unter der *Ordnung* einer Kurve (2) verstanden wird: Es ist der maximale Grad der Glieder des Polynoms $f(x, y)$, d. h. die größte Summe der Exponenten von x und y bei einem Glied. Die geometrische Bedeutung dieses Begriffes besteht darin, daß eine Kurve n-ter Ordnung von einer Geraden genau in n Punkten geschnitten wird. Dabei müssen allerdings die Schnittpunkte mit ihrer *Vielfachheit* gezählt und *komplexe* und *unendlich ferne* Schnittpunkte mitberücksichtigt werden (vgl. S. 38). So schneiden z. B. der Kreis $x^2 + y^2 = 1$ und die Gerade $x + y = 2$ einander in zwei komplexen Punkten, die Hyperbel $x^2 - y^2 = 1$ und die Gerade $y = x$ schneiden einander in zwei unendlich fernen Punkten, und die Hyperbel $x^2 - y^2 = 1$ hat mit der Geraden $x = 1$ einen Punkt der Vielfachheit 2 gemeinsam.

Für die Zwecke der *diophantischen Analysis* (so nennt man das Gebiet der Mathematik, das aus den Problemen der Lösung unbestimmter Gleichungen entstanden ist und übrigens heute oft als *diophantische Geometrie* bezeichnet wird) ist allerdings die Klassifizierung nach der Ordnung zu grob. Wir erläutern das an einem Beispiel. Es sei der Kreis $C: x^2 + y^2 = 1$ und irgendeine Gerade L mit rationalen Koeffizienten, sagen wir $y = 0$, gegeben. Wir zeigen, daß man die rationalen Punkte dieses Kreises und der Geraden eineindeutig einander zuordnen kann. Dies ist beispielsweise folgendermaßen möglich: Wir halten den Punkt $A(0, -1)$ des Kreises fest und ordnen jedem rationalen Punkt B der Geraden L den Punkt B' des Kreises C zu, der sich als Schnittpunkt von C und der Geraden AB ergibt (Abb. 1). Daß die Koordinaten von B' rational sind, möge der Leser selbst beweisen oder direkt bei DIOPHANT nachlesen (wir bringen diesen Beweis im nächsten Paragraphen). Offenbar kann eine solche Zuordnung zwischen den rationalen Punkten jedes Kegelschnittes, auf dem auch nur ein einziger rationaler Punkt liegt, und einer rationalen Geraden hergestellt werden. Vom Standpunkt der diophantischen Analysis sind also der Kreis C und die Gerade L nicht unterscheidbar: Die Mengen ihrer rationalen Lösungen sind gleichmächtig, obwohl die Ordnungen beider Kurven verschieden sind.

Feiner ist die Klassifizierung der algebraischen Kurven nach ihrem *Geschlecht*. Dieser Begriff wurde erst im 19. Jahrhundert von ABEL und RIEMANN eingeführt. Diese Klassifizierung richtet sich nach der Anzahl der singulären Punkte der Kurve Γ.

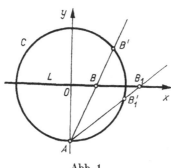

Abb. 1

Wir wollen annehmen, in der Gleichung (2) der Kurve Γ sei das Polynom $f(x, y)$ irreduzibel über dem Körper der rationalen Zahlen, d. h., dieses Polynom lasse sich nicht in ein Produkt von Polynomen mit rationalen Koeffizienten zerlegen. Bekanntlich lautet die Gleichung der Tangente im Punkt $P(x_0, y_0)$ an die Kurve Γ

$$y - y_0 = k(x - x_0),$$

wobei

$$k = -\frac{f_x(x_0, y_0)}{f_y(x_0, y_0)}$$

oder, anders geschrieben,

$$k = -\left(\frac{\dfrac{\partial}{\partial x} f(x, y)}{\dfrac{\partial}{\partial y} f(x, y)}\right)_{x_0, y_0}$$

ist.

Ist im Punkt P eine der partiellen Ableitungen f_x oder f_y von 0 verschieden, so hat der Richtungskoeffizient k der Tangente einen wohlbestimmten Wert (ist $f_y(x_0, y_0) = 0$, aber $f_x(x_0, y_0) \neq 0$, so ist $k = \infty$, d. h., die Tangente in P verläuft vertikal).

Wenn aber im Punkt P beide partielle Ableitungen verschwinden, also

$$f_x(x_0, y_0) = 0 \quad \text{und} \quad f_y(x_0, y_0) = 0$$

ist, so ist P ein *singulärer Punkt*.

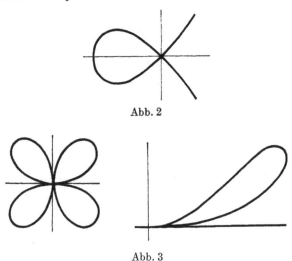

Abb. 2

Abb. 3

So ist beispielsweise $(0, 0)$ ein singulärer Punkt der Kurve $y^2 = x^2 + x^3$, da dort $f_x = -2x - 3x^2$ und $f_y = 2y$ verschwinden.

Die einfachsten singulären Punkte sind die *Doppelpunkte*, in denen wenigstens eine der zweiten partiellen Ableitungen f_{xx}, f_{xy}, f_{yy} von 0 verschieden ist. Abb. 2 zeigt einen Doppelpunkt, in welchem die Kurve zwei verschiedene Tangenten hat. Komplizierte Fälle sind in Abb. 3 dargestellt.

Auf einer algebraischen Kurve können nur endlich viele singuläre Punkte liegen.

Beweis. Es sei

$$f(x, y) = 0 \qquad (*)$$

die Gleichung der Kurve, wobei $f(x, y)$ ein irreduzibles Polynom über dem Körper der rationalen Zahlen ist. Die Koordinaten der singulären Punkte der Kurve müssen den Gleichungen

$$f_x(x, y) = 0, \quad f_y(x, y) = 0$$

und der Kurvengleichung (*) genügen. Das System dieser drei algebraischen Gleichungen kann aber höchstens endlich viele Lösungen besitzen.

Wir beschränken uns hier darauf, das Geschlecht für solche ebenen Kurven zu definieren, die keine anderen singulären Punkte als Doppelpunkte haben. Im allgemeinen Fall, d. h. für beliebige algebraische Kurven mit Singularitäten beliebiger Art, ist die Definition des Geschlechts nämlich komplizierter.

Ist n die Ordnung einer ebenen algebraischen Kurve Γ und d ($d \geqq 0$) die Anzahl ihrer Doppelpunkte, so versteht man unter dem *Geschlecht* von Γ die durch die Formel

$$p = \frac{(n - 1)(n - 2)}{2} - d$$

definierte ganze Zahl. Man kann zeigen, daß p nicht negativ ist.

Ist Γ eine Gerade oder eine Kurve zweiter Ordnung, so folgt aus der angegebenen Formel, daß $p = 0$ ist, also diese Kurven dasselbe Geschlecht haben. Kurven dritter Ordnung haben das Geschlecht 0 oder 1, je nachdem, ob sie einen singulären Punkt besitzen oder nicht. Beispielsweise hat die Fermatsche Kurve $x^3 + y^3 = 1$ das Geschlecht 1.

Aber auch die Klassifizierung nach dem Geschlecht berücksichtigt die arithmetischen Eigenschaften einer Kurve nicht. So haben z. B. die Kurven $x^2 + y^2 = 1$ und $x^2 + y^2 = 3$ beide das Geschlecht 0; auf der erstgenannten liegen aber unendlich viele rationale Punkte, auf der zweiten kein einziger. Um nun für die Zwecke der diophantischen Analysis eine adäquate Klassifizierung der Kurven zu finden, bemerken wir folgendes: Um die Gleichung

(1) zu lösen, macht man oft eine Variablensubstitution

$$x = \varphi(u, v), \quad y = \psi(u, v), \tag{3}$$

wobei φ und ψ rationale Funktionen sind, d. h. als Quotienten von Polynomen dargestellt werden können. Durch Einsetzen von (3) in (2) erhalten wir eine Gleichung

$$G(u, v) = 0. \tag{4}$$

Das ist die Gleichung einer Kurve Γ' in der u,v-Ebene. Die rationalen Punkte der Kurve Γ gehen — mit etwaiger Ausnahme endlich vieler — genau dann in rationale Punkte von Γ' über, und umgekehrt, den rationalen Punkten von Γ' entsprechen genau dann rationale Punkte von Γ, wenn 1. die Funktionen φ und ψ rationale Koeffizienten haben und 2. die Gleichungen (3) nach u und v auflösbar sind, d. h., wenn

$$u = \varphi_1(x, y), \quad v = \psi_1(x, y) \tag{3'}$$

gilt, wobei φ_1 und ψ_1 rationale Funktionen mit rationalen Koeffizienten sind.

Kann man zwischen zwei Kurven Γ und Γ' eine solche Zuordnung mit Hilfe von Formeln der Gestalt (3) und (3') mit rationalen Koeffizienten herstellen, so nennt man die Kurven *birational äquivalent*; die Koordinaten- bzw. die Kurventransformation selbst wird eine *birationale Transformation* genannt.

Sind etwa $\varphi(u, v)$ und $\psi(u, v)$ lineare Funktionen, also

$$\left. \begin{aligned} x = \varphi(u, v) = au + bv + c, \\ y = \psi(u, v) = a_1u + b_1v + c_1, \end{aligned} \right\}$$

und ist die Determinante $\begin{vmatrix} a & b \\ a_1 & b_1 \end{vmatrix}$ von Null verschieden, so lassen sich auch u und v linear mit rationalen Koeffizienten durch x und y ausdrücken, d. h., diese Transformation ist birational.

Wir führen noch ein komplizierteres Beispiel an: Es sei eine Kurve L gegeben:

$$y^2 = x^4 - x^3 + 2x - 2 = (x - 1)(x^3 + 2). \tag{*}$$

Wir zeigen, daß man sie birational in eine Kurve L' der Gestalt $v^2 = \varphi_3(u)$ überführen kann, wobei $\varphi_3(u)$ ein Polynom dritten Grades ist. Zu diesem Zweck dividieren wir beide Seiten der Gleichung (*) durch $(x - 1)^4$ und setzen

$$x - 1 = \frac{1}{u}, \quad \frac{y}{(x - 1)^2} = v.$$

Dann geht (*) über in

$$v^2 = 3u^3 + 3u^2 + 3u + 1.$$

Dabei lassen sich x und y durch u und v rational ausdrücken:

$$x = \frac{1 + u}{u}, \quad y = \frac{v}{u^2},$$

und umgekehrt ist

$$u = \frac{1}{x - 1}, \quad v = \frac{y}{(x - 1)^2}.$$

Die Kurven L und L' sind also tatsächlich birational äquivalent.[1]
Die Mengen M und M' der rationalen Punkte zweier birational äquivalenter Kurven lassen sich — mit eventueller Ausnahme endlich vieler Punkte — eineindeutig einander zuordnen. Ausnahmepunkte sind diejenigen, in welchen Zähler und Nenner wenigstens einer der Funktionen (3) oder (3') gleichzeitig verschwinden. Bei linearen Transformationen gibt es also keine Ausnahmepunkte. In unserem zweiten Beispiel entspricht der Punkt (1, 0) der Kurve L keinem einzigen Punkt der Kurve L', da in dem Ausdruck für v, $v = \dfrac{y}{(x - 1)^2}$, für die Koordinaten dieses Punktes Zähler und Nenner gleichzeitig verschwinden.
Vom Standpunkt der diophantischen Analysis sind zwei birational äquivalente Kurven gleichberechtigt. Allerdings ist die Ord-

---

[1] Allgemein läßt sich folgendes leicht einsehen: Jede Kurve der Gestalt $y^2 = f_{2n}(x)$, wobei $f_{2n}(x)$ ein Polynom $2n$-ten Grades mit einer rationalen Wurzel a, also $f_{2n}(x) = (x - a) g_{2n-1}(x)$ ist, kann in eine Kurve der Gestalt $v^2 = \varphi_{2n-1}(u)$ übergeführt werden.

nung der Kurve Γ' im allgemeinen von der Ordnung von Γ verschieden. Man kann aber zeigen, daß zwei birational äquivalente Kurven ein und dasselbe Geschlecht besitzen. Obwohl also weder die Ordnung n einer Kurve Γ noch die Anzahl d ihrer Doppelpunkte Invarianten einer birationalen Transformation sind, bleibt das Geschlecht p der Kurve Γ bei einer solchen Transformation invariant.

Die Umkehrung dieser Aussage ist falsch. Kurven, welche dasselbe Geschlecht besitzen, brauchen nicht birational äquivalent zu sein. Das kann man schon an unserem obigen Beispiel der Kurven $x^2 + y^2 = 1$ und $x^2 + y^2 = 3$ erkennen, die ja beide das Geschlecht 0 haben: Auf der ersten liegen unendlich viele rationale Punkte, auf der zweiten kein einziger.

Die Menge der Kurven gleichen Geschlechts zerfällt also in Klassen untereinander birational äquivalenter Kurven. Die ganze Tragweite der hier eingeführten Begriffe wurde in Arbeiten von HENRI POINCARÉ deutlich, der zu Anfang unseres Jahrhunderts der Klassifikation und der Untersuchung von Problemen der diophantischen Analysis die Menge der birationalen Transformationen zugrunde legte. Hierauf werden wir in § 12 zurückkommen.

Hier wollen wir nur noch eine für das Folgende äußerst wichtige Tatsache erwähnen. Ist Γ eine Kurve dritter Ordnung, welche wenigstens einen rationalen Punkt hat, so kann ihre Gleichung durch birationale Transformationen immer auf die Gestalt

$$y^2 = x^3 + ax^2 + b \qquad (5)$$

mit rationalen a und b gebracht werden. Wir werden im folgenden häufig annehmen, die Kurve Γ sei schon in der Gestalt (5) gegeben.

§ 4. Urteile von Wissenschaftshistorikern über die Methoden des Diophant

In den folgenden Paragraphen werden wir zeigen, daß DIOPHANT eine allgemeine Methode zur Bestimmung der rationalen Punkte auf Kurven zweiter Ordnung beherrschte. Wie POINCARÉ bewies, ist diese Methode für alle Kurven vom Geschlecht 0 anwendbar, die einen rationalen Punkt besitzen. DIOPHANT fand auch allgemeine Methoden zur Bestimmung der rationalen Punkte auf Kurven dritter Ordnung, wobei sich diese Methoden stark von denen unterscheiden, die er bei Kurven zweiter Ordnung verwendete. Aus den Arbeiten POINCARÉS geht hervor, daß diese Methoden DIOPHANTS zur Bestimmung der rationalen Punkte auf beliebigen Kurven vom Geschlecht 1 anwendbar sind. Irgendwelche anderen Methoden zur Bestimmung der rationalen Punkte algebraischer Kurven existieren bisher nicht.

Wir zeigen ferner, welche Rolle die Ideen und Methoden DIOPHANTS in der Geschichte der Mathematik spielten und wie Mathematiker von VIÈTE und FERMAT bis EULER sie anwendeten.

Übrigens werden die Arbeiten DIOPHANTS von manchen Wissenschaftshistorikern, im Gegensatz zu den Mathematikern, bisher unterschätzt. Viele von ihnen glauben, DIOPHANT habe sich auf das Bestimmen einer einzigen Lösung beschränkt und dabei Kunstgriffe verwendet, und zwar für verschiedenartige Aufgaben jeweils andere. Diese Meinung wurde beispielsweise von H. HANKEL vertreten:

„... Es ist deshalb für einen neueren Gelehrten schwierig, selbst nach dem Studium von 100 Diophantischen Lösungen, die 101. Aufgabe zu lösen, ... Diophant blendet mehr, als er erfreut." (H. HANKEL, *Zur Geschichte der Mathematik in Altertum und Mittelalter;* Leipzig 1874, S. 165).

Läßt sich diese Einschränkung vielleicht dadurch erklären, daß das Buch von HANKEL vor den Arbeiten POINCARÉS geschrieben

wurde, die auf die Probleme der diophantischen Gleichungen neues
Licht warfen? In der *Geschichte der Mathematik* von O. BECKER
und J. E. HOFMANN, die 1951 in Bonn erschien, liest man auf
Seite 90:

> „Diophant gibt keine allgemeinen Methoden, sondern benutzt scheinbar
> für jedes neue Problem einen neuen überraschenden Kunstgriff, hier an
> Orientalisches erinnernd."

Analoge Äußerungen macht auch B. L. VAN DER WAERDEN in
seinem Buch *Erwachende Wissenschaft* ([6], S. 459. — *Anm. d.
Übers.*):

> „Er, (d. h. Diophant) begnügt sich meistens mit einer Lösung. Ob sie
> ganz oder gebrochen ist, ist ihm gleichgültig. Seine Methode ist von Fall
> zu Fall verschieden."

Und speziell über die unbestimmten Gleichungen zweiter Ordnung:

> „... und es gelingt ihm, es so einzurichten, daß in dieser Gleichung ent-
> weder das Glied mit x^2 [s^2] oder das konstante Glied wegfällt, so daß er
> rational auflösen kann" (S. 465).[1]

Eine gerechtere Einschätzung DIOPHANTS finden wir bei
ZEUTHEN:

> „Im allgemeinen bemüht sich Diophant, irgendeine einzige Lösung der
> Aufgabe zu finden und nicht ihre allgemeine Lösung herauszubekommen, die
> alle möglichen speziellen Lösungen umfaßt; man sollte aber dieser Tatsache
> keine besondere Bedeutung beimessen, wenn man die von Diophant erzielten
> Resultate verstehen will. Seine speziellen Lösungen bestehen nämlich darin,
> daß er den Hilfsgrößen, die er zur Lösung der Aufgabe benötigt, von vorn-
> herein bestimmte Werte erteilt" (aus dem Russischen zurückübersetzt —
> *Anm. d. Übers.*).

Eine ähnliche Stelle bei ZEUTHEN [7], S. 74/75, lautet:

> „Für gegebene, aber willkürliche Zahlen setzt er immer eine bestimmte
> Zahl ein und rechnet mit dieser, wobei jedoch die ausgeführten Rechnungen
> so scharf hervortreten, daß sie eine wirklich allgemeine Lösung geben. Auch

---

[1] „Die Lösung unbestimmter Probleme zweiten und höheren Grades
wird durch Anwendung von Fall zu Fall wechselnder Kunstgriffe ... geleistet" heißt es noch in *Mathematisches Wörterbuch*, Stichwort Diophantos
von Alexandria, Berlin—Leipzig—Stuttgart 1961. — *Anm. d. Übers.*

für gesuchte Zahlen prüft er oft zuerst bestimmte Werte, die im allgemeinen nicht, wie es verlangt war, eine vorgelegte Gleichung befriedigen, einen Ausdruck quadratisch machen usw. Er hat sich aber dabei die Rechnungen so genau gemerkt, daß er sogleich die nötigen Abänderungen der gewählten Zahl erkennen kann."

Danach stellt ZEUTHEN die Verfahren DIOPHANTS zur Lösung unbestimmter Gleichungen zweiten Grades zusammen. Allerdings erkannte auch er bei DIOPHANT keine allgemeinen Methoden zur Lösung unbestimmter Gleichungen dritten Grades. Bisher wurden diese Methoden verschiedenen Mathematikern der neueren Zeit zugeschrieben. So meint TH. SKOLEM in seinem Buch *Diophantische Gleichungen* ([21], S. 74 — *Anm. d. Übers.*), die Methoden des DIOPHANT stammten von CAUCHY und LUCAS, während sie LUCAS selbst CAUCHY und FERMAT zuschreibt.

Somit erging es DIOPHANT mit seinen allgemeinen Methoden zur Lösung unbestimmter Gleichungen nicht besser als mit den negativen Zahlen.

Wir gehen jetzt zur Untersuchung seiner Aufgaben über.

§ 5. Unbestimmte Gleichungen zweiten Grades

Schon vor DIOPHANT wurden zwei Formen solcher Gleichungen untersucht. Diese Gleichungen waren $x^2 + y^2 = z^2$ und $x^2 - ay^2 = 1$. Die erste tauchte bereits im alten Babylon auf. Die Formeln zu ihrer Lösung wurden von den Pythagoreern gefunden:

$$x = k^2 - 1, \quad y = 2k, \quad z = k^2 + 1.$$

Die zweite wurde in den *Elementen* EUKLIDS für den Fall $a = 2$ nicht in rationalen, sondern in ganzen Zahlen vollständig gelöst. Ihre Lösung für beliebiges quadratfreies a kannte vermutlich ARCHIMEDES, der dem ERATOSTHENES das bekannte „Rinderproblem" (bei ZEUTHEN „Ochsenaufgabe" genannt) stellte (vgl. dazu H. WUSSING [4], S. 145 — *Anm. d. Übers.*).

DIOPHANT betrachtet im Zweiten Buch seiner *Arithmetik* verschiedene unbestimmte Gleichungen zweiten Grades und beweist im Grunde folgenden Satz:

Eine unbestimmte Gleichung zweiten Grades in zwei Veränderlichen hat entweder keine einzige rationale Lösung, oder sie hat unendlich viele; im letzten Fall lassen sich alle Lösungen als rationale Funktionen eines Parameters ausdrücken:

$$x = \varphi(t), \quad y = \psi(t),$$

wobei φ und ψ rationale Funktionen sind.

Um dies zu beweisen, führen wir zunächst die Aufgabe 8 des Zweiten Buches an (CZWALINA [3], S. 26 — *Anm. d. Übers.*):

„Ein gegebenes Quadrat soll in eine Summe zweier Quadrate zerlegt werden. Es soll 16 zerlegt werden als Summe zweier Quadrate.

Der erste Summand sei x^2, damit ist der zweite also $16 - x^2$. Dieser soll also ein Quadrat sein. Ich forme das Quadrat der Differenz, eines beliebigen Vielfachen von x, vermindert um die Wurzel [aus] 16, d. h. vermindert um 4.

Ich bilde also zum Beispiel das Quadrat von $2x - 4$. Es ist $4x^2 - 16x + 16$. Diesen Ausdruck setze ich gleich $16 - x^2$. Ich addiere beiderseits $x^2 + 16$ und subtrahiere 16. So erhalte ich $5x^2 = 16x$, also $x = \dfrac{11}{5}$.

Die eine Zahl ist also $\dfrac{256}{25}$, die andere $\dfrac{144}{25}$. Die Summe dieser Zahlen ist 16, und jeder Summand ist ein Quadrat."

Wir wollen nun versuchen, die Methode DIOPHANTS „in ihrer reinen Form" herauszupräparieren. Es sei also die Gleichung

$$x^2 + y^2 = a^2 \qquad (6)$$

gegeben, die einen Kreis um den Koordinatenursprung darstellt. Eine der rationalen Lösungen dieser Gleichung ist offenbar der Punkt $(0, -a)$. DIOPHANT substituiert

$$\left.\begin{aligned} x &= x, \\ y &= kx - a. \end{aligned}\right\} \qquad (7)$$

Da er keine Bezeichnung für beliebiges k hat, nimmt er $k = 2$, bemerkt jedoch, daß man das Quadrat aus „gewissen x minus sovielen Einheiten zu bilden habe, wie in der Seite 16 enthalten sind", d. h. in unserer Symbolik genau $kx - 4$.

Die Substitution (7) kann man geometrisch so deuten, daß man durch den Punkt $(0, -a)$ die Gerade

$$y = kx - a \qquad (7')$$

zieht. Diese Gerade trifft den Kreis (6) in einem zweiten Punkt, dessen Koordinaten rationale Funktionen von k sind. Es ist nämlich

$$x^2 + (kx - a)^2 = a^2$$

und

$$x = \frac{2ak}{k^2 + 1}, \quad y = kx - a = a\,\frac{k^2 - 1}{k^2 + 1}.$$

Somit entspricht jedem rationalen Wert von k genau ein rationaler Punkt der Kurve (6). Wie man leicht sieht, erhält man um-

gekehrt, wenn man einen beliebigen rationalen Punkt der Kurve
(6) mit dem Punkt $(0, -a)$ verbindet, eine Gerade mit einem
rationalen Steigungskoeffizienten.

Noch klarer erkennt man die Methode DIOPHANTS aus der
Lösung der Aufgabe 9 des Zweiten Buches, die er folgendermaßen
formuliert:

„Eine gegebene Zahl, die die Summe zweier Quadrate ist, ist in zwei andere
Quadrate zu zerlegen."

DIOPHANT gibt die Zahl 13 vor, die gleich der Summe aus den
Quadraten 4 und 9 ist. Somit ist eine Lösung, nämlich (2, 3),
schon bekannt. Um eine andere zu finden, setzt DIOPHANT die
erste Zahl in der Gestalt $x = t + 2$, die andere in der Gestalt
$y = 2t - 3$ an, d. h., er zieht eine Gerade durch den Punkt $(2, -3)$,
wobei er wie vorher bemerkt, daß an Stelle des Faktors 2 jede
andere Zahl gewählt werden könnte.

Es ist interessant festzustellen, daß DIOPHANT als bekannten
Punkt nicht den von uns angegebenen Punkt mit positiven Koordinaten nimmt, sondern den Punkt mit einer negativen Ordinate,
der einer negativen Lösung entspricht. Überhaupt operiert DIO-
PHANT bei Zwischenrechnungen gern mit negativen Zahlen, obwohl
die endgültige Lösung immer rational und positiv sein muß.

DIOPHANT verwendet das gleiche Verfahren auch in den Aufgaben 16 und 17 sowie in einigen anderen des Zweiten Buches.

Man sieht leicht, daß die Methode DIOPHANTS absolut allgemein
ist; sie ermöglicht es, alle rationalen Punkte einer Kurve zweiter
Ordnung zu finden, wenn diese Kurve wenigstens einen rationalen
Punkt enthält. Ist nämlich eine Gleichung zweiten Grades in
zwei Veränderlichen gegeben,

$$f_2(x, y) = 0, \tag{8}$$

und hat sie eine rationale Lösung (a, b), so nimmt man, nach DIO-
PHANT, die Substitution

$$\left. \begin{aligned} x &= a + t, \\ y &= b + kt \end{aligned} \right\}$$

vor und erhält

$$f_2(a + t, b + kt) = f_2(a, b) + tA(a, b) + ktB(a, b) + t^2C(a, b, k) = 0.$$

Da $f_2(a, b) = 0$ ist, ergibt sich hieraus

$$t = -\frac{A(a, b) + kB(a, b)}{C(a, b, k)}.$$

Somit ergibt sich für jedes rationale k genau eine rationale Lösung. Hat die gegebene Gleichung die Gestalt

$$y^2 = a^2x^2 + bx + c, \tag{9}$$

so ändert DIOPHANT sein Verfahren etwas ab, indem er

$$y = ax + m$$

setzt. Dann ergibt sich

$$x = \frac{c - m^2}{2am - b}.$$

Wir wollen nun die geometrische Bedeutung dieser zweiten Substitution klären. Zu diesem Zweck müssen wir zu homogenen oder projektiven Koordinaten übergehen. Da diese Koordinaten zur Untersuchung der Eigenschaften algebraischer Kurven sehr geeignet sind und wir sie im folgenden vielfach verwenden werden, gehen wir auf dieses Problem näher ein. Bisher haben wir, wie in der analytischen Geometrie üblich, die affine Ebene $R^{(2)}$ betrachtet, in der jeder Punkt durch ein geordnetes Paar (x, y) reeller Zahlen gegeben wird. Jetzt betrachten wir die projektive Ebene $P^{(2)}$, deren Punkte wir durch geordnete Tripel (u, v, z) reeller Zahlen charakterisieren, von denen mindestens eine von Null verschieden ist. Punkte (u, v, z) und (u_1, v_1, z_1) sehen wir genau dann als identisch an, wenn $u_1 = ku$, $v_1 = kv$, $z_1 = kz$, $k \neq 0$, ist. Somit definieren unendlich viele Tripel ein und denselben Punkt. Jedes System u, v, z, das einen Punkt beschreibt, nennen wir *homogene Koordinaten* dieses Punktes.

Wir stellen jetzt eine Zuordnung zwischen den Punkten der Ebenen $R^{(2)}$ und $P^{(2)}$ her. Es sei (u, v, z) ein Punkt von $P^{(2)}$. Ist

$z \neq 0$, so wählen wir das Tripel $\left(\dfrac{u}{z}, \dfrac{v}{z}, 1 \right)$, das denselben Punkt definiert. Diesem Punkt ordnen wir den Punkt (x, y) der Ebene $\boldsymbol{R}^{(2)}$ zu, wobei $x = \dfrac{u}{z}$, $y = \dfrac{v}{z}$ ist.

Ist aber $z = 0$, so entspricht dem Punkt $(u, v, 0)$ kein Punkt der Ebene $\boldsymbol{R}^{(2)}$. Einen solchen Punkt nennen wir einen *unendlich fernen* oder *uneigentlichen* Punkt. Alle diese Punkte liegen auf der unendlich fernen Geraden $z = 0$. Da die Koordinate z den übrigen Koordinaten völlig gleichberechtigt ist, können wir die unendlich fernen Punkte und die unendlich ferne Gerade auf der Ebene $\boldsymbol{P}^{(2)}$ genauso behandeln wie die im Endlichen liegenden Punkte und Geraden.

Um von der Gleichung

$$f(x, y) = 0,$$

die in affinen Koordinaten geschrieben ist, zu der Gleichung in homogenen Koordinaten überzugehen, setzen wir

$$x = \frac{u}{z}, \quad y = \frac{v}{z}.$$

Führt man diese Substitution aus und bringt alles auf einen Nenner, so erhält man eine Gleichung

$$\Phi(u, v, z) = 0,$$

wobei $\Phi(u, v, z)$ ein Polynom in u, v und z ist. Beispielsweise lautet die Hyperbelgleichung

$$x^2 - y^2 = 1$$

in homogenen Koordinaten

$$u^2 - v^2 = z^2.$$

Um die endlich fernen Punkte dieser Kurve zu bestimmen, setzen wir $z = 0$ (mit anderen Worten, wir bestimmen ihre Schnittpunkte mit der unendlich fernen Geraden). Dann ist $v = \pm\, u$, d. h., wir erhalten die beiden Punkte $(1, 1, 0)$ und $(1, -1, 0)$.[1]) Beide haben rationale Koordinaten. Solche Punkte nennt man *rationale unendlich ferne Punkte*.

Wir kehren zur Substitution des DIOPHANT zurück. Gleichung (9) lautet in homogenen Koordinaten

$$v^2 = a^2 u^2 + buz + cz^2. \tag{9'}$$

Ihre rationalen unendlichen Punkte sind $(1, a, 0)$ und $(1, -a, 0)$. Durch den ersten legen wir eine Gerade. Die allgemeine Gleichung einer Geraden in homogenen Koordinaten hat die Gestalt

$$Au + Bv + Cz = 0.$$

Nun liegt unser Punkt auf dieser Geraden, d. h., es ist

$$A \cdot 1 + B \cdot a + C \cdot 0 = 0.$$

Man kann also $A = ka$, $B = -k$, $C = km$ setzen, wobei m beliebig ist. Somit lautet die Gleichung der gesuchten Geraden

$$au - v + mz = 0,$$

oder, wenn man wieder zu affinen Koordinaten übergeht,

$$y = ax + m.$$

Das ist aber gerade die von DIOPHANT verwendete Substitution. Sie ist damit dem Ziehen einer beliebigen Geraden durch einen rationalen unendlich fernen Punkt der Kurve (9) äquivalent.

Wir möchten hier betonen, daß wir keinesfalls annehmen, DIOPHANT habe den Begriff der unendlich fernen Punkte einer Kurve gehabt. Er benutzte einfach äquivalente Überlegungen. In der Geschichte der Mathematik sind uns zahlreiche Beispiele dafür bekannt, daß grundlegende Tatsachen einer bestimmten Theorie schon vor der Entstehung der Theorie selbst und vor der Herausarbeitung ihrer Grundbegriffe gefunden worden waren. Das war

---

[1]) Da $v = u$ oder $v = -u$ ist, haben diese Punkte die Gestalt $(u, u, 0)$ und $(u, -u, 0)$. Durch Multiplikation mit $1/u$ erhalten wir $(1, 1, 0)$ und $(1, -1, 0)$.

beispielsweise der Fall mit der Arithmetik der quadratischen Zahlkörper, die von EULER, LAGRANGE und GAUSS vor der Einführung
der quadratischen Körper, ja sogar noch vor der Formulierung
des Begriffs der algebraischen Zahl aufgebaut worden war. Dies
geschah im Rahmen der Theorie der quadratischen Formen; die
dabei entdeckten Fakten waren der Arithmetik der quadratischen
Zahlkörper äquivalent.

So war es auch in der *Arithmetik* des DIOPHANT, in der einige
allgemeine Sätze der algebraischen Geometrie entdeckt und untersucht wurden, aber ohne geometrische Interpretation, im Rahmen
der reinen Algebra und Zahlentheorie.

Wir stellen nun die Frage: Hat DIOPHANT gewußt, daß die von
ihm gestellten Aufgaben unendlich viele Lösungen haben? Oder
gab er sich wirklich mit der Bestimmung einer (einzigen) rationalen
Lösung zufrieden?

Im Zweiten Buch sagt er nichts darüber; daß es unendlich viele
Lösungen gibt, kann man nur aus der Methode DIOPHANTS er-
kennen. Allerdings schreibt er in der Aufgabe 19 des Dritten
Buches:

„und wir haben gelernt, wie wir ein Quadrat auf unendlich viele Arten als
Summe zweier Quadrate darstellen können" (CZWALINA [3], S. 47. — *Anm.
d. Übers.*).

Außerdem formuliert er Aufgabe 19 im Vierten Buch:

„Es sind drei undeterminierte Zahlen von der Art zu finden, daß das Produkt
je zweier von ihnen, um 1 vermehrt, ein Quadrat ergibt." (CZWALINA [3],
S. 57 — *Anm. d. Übers.*).

DIOPHANT findet diese Ausdrücke in der Gestalt $x + 2$, x und
$4x + 4$ und schreibt:

„So ist die Aufgabe undeterminiert gelöst. Das Produkt je zweier Zahlen,
vermehrt um 1, gibt ein Quadrat; dabei kann x einen beliebigen Wert haben.
Eine solche Lösung heißt nämlich undeterminiert." (CZWALINA [3], S. 58 —
Anm. d. Übers.).

Und schließlich beweist DIOPHANT in zwei Hilfssätzen zu den
Aufgaben des Sechsten Buches folgendes: Besitzt die unbestimmte

Gleichung

$$ax^2 + b = y^2$$

eine rationale Lösung (x_0, y_0), so hat sie unendlich viele solcher Lösungen. Der erste Hilfssatz lautet:

„Wenn zwei Zahlen gegeben sind, deren Summe ein Quadrat ist, so werden auf unendlich viele Arten Quadrate gefunden, deren jedes, wenn man es mit der einen gegebenen Zahl multipliziert und dann die andere addiert, ein Quadrat ergibt." (CZWALINA [3], S. 101 — *Anm. d. Übers.*).

Mit anderen Worten: Wenn in der obigen Gleichung b positiv und $a + b$ ein Quadrat ist, so hat die oben angegebene Gleichung unendlich viele Lösungen.

Was bedeutet aber die Forderung, die Summe $a + b$ sei ein Quadrat? Das ist nicht schwer zu verstehen: Ist $a + b = m^2$, so hat unsere Gleichung die rationale Lösung $(1, m)$. Um seine Behauptung zu beweisen, macht DIOPHANT die Substitution

$$x = t + 1, \quad y = y;$$

dann erhält er die Gleichung

$$at^2 + 2at + m^2 = y^2,$$

deren absolutes Glied ein Quadrat ist. Daher kann er die anderen rationalen Lösungen nach der üblichen Methode finden, d. h., indem er

$$y = kt - m$$

setzt. Dann ergibt sich

$$t = 2\,\frac{a + km}{k^2 - a},$$

und die Unbekannten x und y lassen sich als rationale Funktionen eines einzigen Parameters ausdrücken.

Alle Überlegungen führt DIOPHANT mit $a = 3$, $b = 6$, also $m^2 = 9$ aus; seine Beweismethode ist jedoch ganz allgemein.

Es ist interessant, daß 1500 Jahre später LEONHARD EULER (näheres über EULER vgl. § 10) in seiner *Algebra* genau dieselbe

Transformation anwendet. Er nimmt an, die Gleichung

$$y^2 = Ax^2 + Bx + C$$

habe eine rationale Lösung (x_0, y_0). Zum Beweis der Existenz weiterer rationaler Lösungen substituiert er $x = t + x_0$, $y = y$ und erhält die neue Gleichung

$$pt^2 + qt + r = y^2,$$

deren absolutes Glied, wie man leicht ausrechnet, gleich y_0^2 ist. Danach nimmt er die übliche diophantische Substitution vor.

Weit allgemeineren Charakter hat der Hilfssatz zur Aufgabe 15 des Sechsten Buches:

„Wenn zwei Zahlen a und b gegeben sind und wenn ein Quadrat p^2 die Eigenschaft hat, daß $ap^2 - b$ ein Quadrat ist, so ist ein zweites Quadrat q^2, das größer ist als p, zu finden, so daß auch $aq^2 - b$ ein Quadrat ist." (CzwaLINA [3], S. 104. — *Anm. d. Übers.*).

Mit anderen Worten: Hat die Gleichung

$$ax^2 - b = y^2 \quad (b > 0)$$

eine Lösung (x_0, y_0), so besitzt sie auch eine Lösung (x_1, y_1) mit $x_1 > x_0$, $y_1 > y_0$.

DIOPHANT führt den Beweis für den Fall $a = 3$, $b = 11$ durch. Eine der rationalen Lösungen ist (5, 8). Durch die Substitution $x = t + 5$ gelangt er zunächst zu der Gleichung

$$3t^2 + 30t + 64 = y^2,$$

deren absolutes Glied ein vollständiges Quadrat ist. Daher ergeben sich ihre sämtlichen Lösungen mit Hilfe der üblichen Substitution. Auch hier erweist sich die Beweismethode DIOPHANTS, obwohl an einem Beispiel illustriert, als völlig allgemein.

Somit hat DIOPHANT den zu Anfang dieses Paragraphen formulierten Satz nicht nur *entdeckt*, sondern auch *in voller Allgemeinheit bewiesen*.

Wir weisen darauf hin, daß die Methoden DIOPHANTS zur Lösung unbestimmter Gleichungen der Gestalt

$$y^2 = ax^2 + bx + c$$

mit der sogenannten „Eulerschen Substitution" übereinstimmen, die jedem gut bekannt ist, der Analysis studiert (vgl. etwa Integration rationaler Funktionen in W. I. SMIRNOW, Lehrgang der höheren Mathematik, Teil I, S. 495. — *Anm. d. Übers.*). Sowohl hier als auch dort lassen sich x und y mit Hilfe rationaler Funktionen eines Parameters ausdrücken; dies läßt sich durch ein und dieselbe Substitution erreichen, nur brauchen wir bei der Berechnung des Integrals $\int \dfrac{dx}{\sqrt{ax^2 + bx + c}}$ nicht zu fordern, daß die Koeffizienten in diesen Funktionen selbst rationale Zahlen sind. Daher können wir

$$y = \sqrt{a}\,x + t \quad \text{oder} \quad y = xt + \sqrt{c}$$

setzen. Bei DIOPHANT müssen jedoch alle Substitutionen rationale Koeffizienten haben, da es sich um rationale Punkte handelt. Daher mußte er diese zusätzliche Forderung berücksichtigen.

§ 6. Unbestimmte Gleichungen dritten Grades

Im Vierten Buch seiner *Arithmetik* betrachtet DIOPHANT unbestimmte Gleichungen dritten und vierten Grades. Hier handelt es sich um eine sehr viel schwierigere Angelegenheit. Selbst wenn eine Kurve dritter Ordnung rationale Punkte besitzt, können ihre Koordinaten im allgemeinen nicht als rationale Funktionen eines Parameters ausgedrückt werden. Kennt man jedoch einen oder zwei rationale Punkte einer solchen Kurve, so kann man einen weiteren rationalen Punkt bestimmen. Jede Gerade schneidet nämlich eine Kurve dritter Ordnung in drei Punkten, deren Koordinaten man beispielsweise aus einer Gleichung dritten Grades erhalten kann, die sich durch Elimination von y aus der Gleichung der Kurve Γ,

$$f_3(x, y) = 0, \tag{10}$$

und der Geradengleichung ergibt. Sind zwei Wurzeln dieser resultierenden Gleichung rational, so ist auch die dritte rational (das erkennt man beispielsweise daran, daß man die Summe der Wurzeln einer kubischen Gleichung erhält, wenn man den Koeffizienten von x^2 durch den Koeffizienten von x^3 dividiert und mit dem entgegengesetzten Vorzeichen versieht (sogenannter Vietascher Wurzelsatz — *Anm. d. Übers.*); sind die Koeffizienten der Gleichung rational und zwei Wurzeln rational, so ist offenbar auch die dritte rational. Auf dieser Bemerkung beruhen die beiden nachstehenden Verfahren:

1. Ist P ein rationaler Punkt der Kurve Γ, so hat die Tangente in P an Γ einen rationalen Steigungskoeffizienten k. Die Tangente hat mit Γ einen weiteren Schnittpunkt, dessen Koordinaten ebenfalls rational sind. Durch Auflösen der Tangentengleichung und der Kurvengleichung erhält man nämlich eine kubische Gleichung,

die eine rationale Doppelwurzel hat, und das bedeutet, daß auch ihre dritte Lösung rational ist.

2. Sind P_1 und P_2 rationale Punkte von Γ, so schneidet die Gerade $P_1 P_2$ die Kurve Γ in einem dritten Punkt, dessen Koordinaten ebenfalls rational sind.

Im folgenden wollen wir dieses Verfahren die *diophantische Tangenten- bzw. Sekantenmethode* nennen. Wir werden zeigen, daß wir diese Methoden zu Recht DIOPHANT zuschreiben dürfen. Zu diesem Zweck betrachten wir einige seiner Aufgaben.

Aufgabe 24 des Vierten Buches (CZWALINA [3], S. 61 — *Anm. d. Übers.*):

„Eine gegebene Zahl ist als Summe zweier Summanden darzustellen, und es soll das Produkt der Summanden gleich sein einem um seine Wurzel verminderten Kubus.

Es sei die Zahl 6 gegeben. Es werde $x_1 = x$ gesetzt, also $x_2 = 6 - x$. Es bleibt die Bedingung zu erfüllen, daß $x_1 x_2 = y^3 - y$. Es ist aber $x_1 x_2 = 6x - x^2$. Dieser Ausdruck soll gleich $y^3 - y$ sein. Ich bilde also $y = ax - 1$, wo a beliebig ist, z. B. $a = 2$. Ich bilde nun also $(2x - 1)^3 - (2x - 1) = 8x^3 - 12x^2 + 4x$. Dieser Ausdruck soll $6x - x^2$ sein. Wenn die Koeffizienten von x in beiden Ausdrücken gleich wären, würde sich x als rational ergeben. Die 4 ist entstanden aus $3 \cdot 2 - 2$, die 6 aber ergibt sich aus der Gegebenheit. Ich muß also a so bestimmen, daß $3a - a$ gleich 6 wird. Ich muß also $y = 3x - 1$ setzen und erhalte $y^3 - y = 27x^3 - 27x^2 + 6x$. Dieser Ausdruck muß gleich $6x - x^2$ sein. Es ergibt sich also $x = \dfrac{26}{27}$. Es ist also

$$x_1 = \frac{26}{27}, \quad x_2 = \frac{136}{27}.\text{“}$$

Wir wollen nun die Methode des DIOPHANT herausarbeiten. Es sei eine Zahl a gegeben. Die eine der gesuchten Zahlen bezeichnen wir mit x, die andere also mit $a - x$. Nach Voraussetzung ist

$$x(a - x) = y^3 - y. \tag{11}$$

Eine der rationalen Lösungen ist $(0, -1)$. Nach DIOPHANT legen wir durch diesen Punkt die Gerade

$$y = kx + 1 \tag{*}$$

(DIOPHANT wählt zunächst $k = 2$) und bestimmen ihren Schnittpunkt mit der Kurve (11):

$$ax - x^2 = k^3x^3 - 3k^2x^2 + 2kx.$$

Für x ergibt sich eine rationale Zahl, wenn

$$2k = a, \quad \text{d. h.} \quad k = \frac{a}{2}, \tag{**}$$

ist, und das macht DIOPHANT. Dann ergibt sich

$$x = \frac{3k^2 - 1}{k^3} = 2\,\frac{3a^2 - 4}{a^3}.$$

Wir wollen sehen, was die Bedingung (**) für die Gerade (*) bedeutet. Um das zu klären, wenden wir DIOPHANTS Methode auf eine beliebige Gleichung dritten Grades mit zwei Unbekannten der Gestalt (10) an, welche die rationale Lösung (a, b) habe: $f_3(a, b) = 0$. Durch den Punkt $P(a, b)$ legen wir die Gerade

$$y - b = k(x - a) \tag{12}$$

oder

$$\left.\begin{array}{l} x = a + t, \\[4pt] y = b + kt. \end{array}\right\} \tag{13}$$

Dann ist

$$f_3(a + t, b + kt) = f_3(a, b) + tA(a, b) + ktB(a, b)$$
$$+ t^2C(a, b, k) + t^3D(a, b, k) = 0.$$

Nun ist aber $f_3(a, b) = 0$, und wenn wir

$$A(a, b) + kB(a, b) = 0 \tag{14}$$

setzen, erhalten wir

$$k = -\frac{A(a, b)}{B(a, b)} = -\frac{\dfrac{\partial f_3}{\partial x}}{\dfrac{\partial f_3}{\partial y}}\,(P),$$

d. h., der Steigungskoeffizient unserer Geraden (12) muß so gewählt werden, daß diese Gerade Tangente an die Kurve (10) im

Punkt $P(a, b)$ ist. Somit benutzt DIOPHANT hier die Tangenten-methode.

Nach demselben Verfahren löst DIOPHANT die Aufgabe 18 des Sechsten Buches und vermutlich auch die Aufgabe

$$x^3 + y^3 = a^3 - b^3,$$

welche er, nach eigenen Angaben, in seinem uns nicht überlieferten Buch *Porismata* behandelt.

Wir weisen darauf hin, daß DIOPHANT beiläufig ein rein alge-braisches Verfahren zur Bestimmung des Steigungskoeffizienten k der Tangente erhält, der ja gleich $\dfrac{dy}{dx}$ bzw. gleich

$$\frac{dy}{dx} = -\frac{\dfrac{\partial f_3}{\partial x}}{\dfrac{\partial f_3}{\partial y}}$$

ist. Dieses Verfahren, das keinen Grenzübergang erfordert, d. h. rein algebraisch (über einem Körper ohne Topologie) durch-geführt werden kann, spielte in dem historischen Prozeß der Herausbildung des Differentialquotienten, besonders bei FERMAT und DESCARTES, eine große Rolle und wird heutzutage in der algebraischen Geometrie vielfach angewandt.

Nun gehen wir zur Aufgabe 26 des Vierten Buches über, in der die Sekantenmethode angewendet wird (CZWALINA [3], S. 62 — *Anm. d. Übers.*):

„Es sind zwei Zahlen zu finden, deren Produkt, um jede einzelne der Zahlen vermehrt, einen Kubus ergibt.

Ich setze $x_1 = a^3 x$, wobei a etwa 2 ist, also $x_1 = 8x$. Es sei $x_2 = x^2 - 1$. Einer Bedingung ist dann genügt, denn $x_1 x_2 + x_1$ ist ein Kubus.

Es bleibt die Bedingung zu erfüllen, daß auch $x_1 x_2 + x_2$ ein Kubus wird. Es ist aber $x_1 x_2 + x_2 = 8x^3 + x^2 - 8x - 1$. Ich setze diesen Ausdruck gleich dem Kubus von $2x - 1$, also gleich $8x^3 - 12x^2 + 6x - 1$. Dann wird $x = \dfrac{14}{13}$.

Es ist also $x_1 = \dfrac{112}{13}$, $x_2 = \dfrac{27}{169}$."

Nach DIOPHANT bezeichnen wir die erste Unbekannte mit a^3x, die zweite mit $x^2 - 1$. Dann ist die erste Bedingung der Aufgabe erfüllt, während die zweite die Beziehung

$$a^3x^3 + x^2 - a^3x - 1 = y^3 \qquad (15)$$

liefert. DIOPHANT nimmt die Substitution $y = ax - 1$ vor und erhält

$$x = \frac{a^3 + 3a}{1 + 3a^2}.$$

Wir wollen auf die hier verwendete Methode näher eingehen. Eine der rationalen Lösungen der Gleichung (15) ist $(0, -1)$. Durch diesen Punkt legen wir die Gerade $y = kx - 1$ und bestimmen ihren Schnittpunkt mit Gleichung (15):

$$(a^3 - k^3)\, x^3 + (1 + 3k^2)\, x^2 - (a^3 + 3k)\, x = 0.$$

DIOPHANT setzt nun nicht, wie im vorhergehenden Fall, den Koeffizienten von x gleich 0, sondern den von x^3 und erhält

$$a^3 - k^3 = 0, \quad k = a.$$

Was bedeutet dies geometrisch? Um diese Frage zu beantworten, schreiben wir Gleichung (15) in homogenen Koordinaten, indem wir $x = \dfrac{u}{z}$, $y = \dfrac{v}{z}$ setzen:

$$a^3u^3 + u^2z - a^3uz^2 - z^3 = v^3. \qquad (15')$$

Wir bemerken, daß diese Kurve die beiden rationalen Punkte $P_1(0, -1, 1)$ und $P_2(1, a, 0)$ hat; ihre Verbindungsgerade ist

$$v = au - z.$$

Durch Schneiden mit (15') erhalten wir einen dritten rationalen Punkt. Somit wendet DIOPHANT hier die Sekantenmethode auf den Fall an, daß einer der gegebenen rationalen Punkte im Endlichen liegt, während der zweite ein uneigentlicher, ein unendlich ferner Punkt ist.

DIOPHANT benutzt seine Tangenten- und Sekantenmethode auch bei anderen Aufgaben des Vierten und Sechsten Buches.

§ 7. Diophant und die Zahlentheorie

In den uns vorliegenden Büchern der *Arithmetik* gibt es genaugenommen keine zahlentheoretischen Untersuchungen im eigentlichen Sinne dieses Wortes. Bei der Formulierung einiger Aufgaben oder bei ihrer Lösung sagt DIOPHANT manchmal, unter welchen Bedingungen diese betreffende Aufgabe lösbar oder unlösbar ist[1]), oder er bemerkt, daß es unmöglich sei, eine im Prozeß der Lösung erhaltene Zahl in der einen oder anderen Form, beispielsweise als Summe zweier Quadrate, darzustellen. Eben in dieser Gestalt treten uns in der *Arithmetik* zahlentheoretische Sätze entgegen. Nach einem einzigen Hinweis von DIOPHANT selbst wurden alle diese und auch andere Sätze dieser Art von ihm in dem uns nicht überlieferten Werk *Porismata* untersucht.

Daher bleibt uns nichts anderes übrig, als die Kenntnisse DIOPHANTS auf dem Gebiet der Zahlentheorie auf Grund der Bemerkungen und Diorismen einzuschätzen, die man in der *Arithmetik* findet. Beginnen wir mit Aufgabe 19 des Dritten Buches (CZWALINA [3], S. 47 — *Anm. d. Übers.*):

„Es sind 4 Zahlen von der Art zu finden, daß das Quadrat ihrer Summe, sowohl vermehrt wie vermindert um jede einzelne der Zahlen, ein Quadrat ist.

Da das Quadrat der Hypotenuse eines jeden rechtwinkligen Dreiecks, sowohl vermehrt wie vermindert um das doppelte Produkt der Katheten, ein Quadrat ergibt, suche ich zuerst 4 rechtwinklige Dreiecke gleicher Hypotenuse. Dies ist die gleiche Aufgabe wie die, ein Quadrat auf 4fache Art als Summe zweier Quadrate darzustellen; und wir haben gelernt, wie wir ein Quadrat auf unendlich viele Arten als Summe zweier Quadrate darstellen können.

Wir wollen also zunächst zwei rechtwinklige Dreiecke mit kleinen Maßzahlen der Seiten suchen, wie 3, 4, 5 und 5, 12, 13. Vervielfältige nun die Seiten mit

---

[1]) Solche einschränkenden Bedingungen nannten die antiken Mathematiker *Diorismen*.

der Größe der Hypotenuse des anderen Dreiecks. Dann erhalten wir die Dreiecke 39, 52, 65 und 25, 60, 65. Das sind rechtwinklige Dreiecke mit gleicher Hypotenuse.

65 läßt sich nun auf doppelte Art als Summe zweier Quadrate darstellen, $16 + 49$ und $64 + 1$. Das ist deshalb der Fall, weil 65 das Produkt von 13 und 5 ist, und 13 und 5 die Summe zweier Quadratzahlen sind. Jetzt nehmen wir von den beiden eben verwendeten Zahlen 49 und 16 die Wurzeln, also 7 und 4, und bilden das rechtwinklige Dreieck aus diesen beiden Zahlen. Es ist das Dreieck 33, 56, 65.

In ähnlicher Weise haben 64 und 1 die Wurzeln 8 und 1. Ich bilde auch aus ihnen das rechtwinklige Dreieck 16, 63, 65. So entstehen vier rechtwinklige Dreiecke mit der gleichen Hypotenuse. Indem ich nun auf das ursprüngliche Problem zurückkomme, setze ich die Summe der vier Zahlen $65x$, bilde die 4fache Fläche jedes Dreiecks, multipliziere sie mit x^2 und erhalte so $x_1 = 4056x^2$, $x_2 = 3000x^2$, $x_3 = 3696x^2$, $x_4 = 2016x^2$. Die Summe der vier Zahlen ist $12768x^2 = 65x$. So entsteht $x = \dfrac{65}{12768}$.

Es ist also

$$x_1 = 17136600 \cdot \frac{1}{n},$$

$$x_2 = 1267500 \cdot \frac{1}{n},$$

$$x_3 = 15615600 \cdot \frac{1}{n},$$

$$x_4 = 8517600 \cdot \frac{1}{n},$$

wobei $n = 163021824$."

Diese Aufgabe ist in vieler Hinsicht bemerkenswert. Erstens spricht DIOPHANT hier zum ersten Mal von rechtwinkligen Dreiecken „mit kleinen Maßzahlen" und über die Bildung solcher Dreiecke aus „zwei Zahlen". Der Sache nach handelt es sich natürlich um die Lösung der unbestimmten Gleichung

$$x^2 + y^2 = z^2$$

in rationalen Zahlen, die wir in § 5 besprochen haben. Die allgemeinste Formel für ihre Lösung gab EUKLID in den *Elementen*. DIOPHANT benutzt ohne besonderen Vorbehalt diese Formeln, die für teilerfremde p und q alle ganzen teilerfremden Lösungen dieser

Gleichung liefern:

$$z = p^2 + q^2, \quad x = 2pq, \quad y = p^2 - q^2.$$

(Da die Gleichung homogen ist, liefert die Erweiterung des Lösungsbereiches zum Körper der rationalen Zahlen nichts Neues.) Diese Lösungen kann man nach derselben Methode erhalten, die DIOPHANT bei Aufgabe 8 des Zweiten Buches zur Zerlegung eines gegebenen Quadrates in die Summe zweier Quadrate benutzte (vgl. § 5).

Zweitens enthält sie die Aussage, daß das Produkt zweier ganzer Zahlen, von denen jede die Summe zweier Quadrate ist, selbst als Summe zweier Quadrate, und zwar auf mindestens zwei verschiedene Arten, zerlegbar ist (sobald die zu multiplizierenden Zahlen nicht einander gleich sind). Und zwar gilt für $p = a^2 + b^2$ und $q = c^2 + d^2$ die Gleichung

$$p \cdot q = (ac + bd)^2 + (ad - bc)^2 = (ad + bc)^2 + (ac - bd)^2.$$

Gerade in seinen Bemerkungen zu dieser Aufgabe formulierte FERMAT seine bekannte Behauptung, jede Primzahl der Gestalt $4n + 1$ sei als Summe zweier Quadrate darstellbar, und zwar nur auf eine Weise. Hier gab er sogar ein Verfahren an, nach welchem man bestimmen kann, auf wie viele Arten eine gegebene Zahl als Summe zweier Quadrate dargestellt werden kann.

Waren diese Aussagen schon DIOPHANT bekannt? Zur Beantwortung dieser Frage betrachten wir noch eine Aufgabe DIOPHANTS, die ein Diorisma enthält, welches die Darstellbarkeit einer Zahl als Summe zweier Quadrate betrifft, und zwar die Aufgabe 9 des Fünften Buches (CZWALINA [3], S. 81 f.; bei WERTHEIM [2], S. 206, Aufgabe 12 — Anm. d. Übers.):

„Die Zahl 1 ist als Summe zweier Brüche darzustellen, so daß jeder Bruch, vermehrt um eine gegebene Zahl, ein Quadrat ergibt."

Im Anschluß daran formuliert DIOPHANT eine Einschränkung (Diorisma), die der gegebenen Zahl a auferlegt werden muß, damit die Aufgabe lösbar wird. Leider ist nach den Worten

„Die gegebene Zahl a darf dabei nicht ungerade sein. Auch darf $2a + 1 \ldots$"

4*

der Text verstümmelt. Es existiert eine Rekonstruktion, von der wir später sprechen. Zunächst bringen wir den weiteren Text der Aufgabe:

„Es soll jedem der Bruchteile 6 hinzugefügt werden, und es soll sich dann ein Quadrat ergeben.

Da wir wollen, daß, wenn zu jedem Bruchteil 6 addiert wird, sich ein Quadrat ergibt, so muß die Summe der Quadrate 13 sein. Man muß also 13 in zwei Quadrate zerlegen, deren jedes größer sein muß als 6.

Wenn ich 13 in zwei Quadrate zerlege, deren Differenz kleiner ist als 1, ist die Aufgabe gelöst. Ich nehme die Hälfte von 13, $6^1/_2$, und frage, welcher Bruch, um $6^1/_2$ vermehrt, ein Quadrat ist. Ich multipliziere mit 4. Ich frage also nach dem quadratischen Bruch, der, zu 26 addiert, ein Quadrat ergibt. Es ist also $26 + \dfrac{1}{x^2}$ ein Quadrat, daher auch $26x^2 + 1$. Ich setze $26x^2 + 1 = (5x + 1)^2$ und erhalte $x = 10$. Daher ist $x^2 = 100$, $\dfrac{1}{x^2} = \dfrac{1}{100}$. Es ist also zu 26 die Zahl $\dfrac{1}{100}$, also zu $6^1/_2$ der Bruch $\dfrac{1}{400}$ zu addieren. Es ergibt sich dann das Quadrat $\left(\dfrac{51}{20}\right)^2$.

Es ist also notwendig, die Wurzel jedes der Quadrate, deren Summe 13 ist, recht nahe an $\dfrac{51}{20}$ zu legen. Ich frage also, welche Zahl, von 3 subtrahiert und zu 2 addiert, soviel ergibt, nämlich $\dfrac{51}{20}$.

Ich setze also die Quadrate von $11x + 2$ und $3 - 9x$ an. Ihre Summe soll 13 sein. Es ist also $202x^2 - 10x + 13 = 13$, also $x = \dfrac{5}{101}$.

Es ist also die Wurzel des einen Quadrates $\dfrac{257}{101}$, die des anderen Quadrates $\dfrac{258}{101}$. Wenn ich von jedem der Quadrate die Zahl 6 subtrahiere, erhalte ich $\dfrac{5358}{10201}$ und $\dfrac{4843}{10201}$, und jeder dieser Bruchteile ergibt, um 6 vermehrt, ein Quadrat."

Wir weisen darauf hin, daß DIOPHANT bei der Lösung dieser Aufgabe neue interessante Methoden anwandte, mit denen sich die mathematikhistorischen Untersuchungen wenig befassen. Die Gleichung $ax^2 + 1 = y^2$ ($a = 26$), mit welcher er sich beschäftigt, wird jetzt *Fermatsche Gleichung* genannt. Mit dieser Gleichung befaßte man sich im 17. und 18. Jahrhundert vielfach. Das Verfahren, Quadrate gegebener Summe zu finden, von denen jedes einer Ungleichung genügen muß, nannte DIOPHANT in den folgenden Aufgaben *Näherungsverfahren* („Approximationsverfahren"). In der angegebenen Aufgabe wird im Grunde $\sqrt{26}$ approximiert. Wir lassen jedoch die zahlreichen Probleme, die im Zusammenhang mit dieser Aufgabe entstehen, beiseite und gehen nur auf die Diophantschen Einschränkungen ein. Wir möchten aber dem Leser empfehlen, die Lösung der Aufgabe durchzuarbeiten und sie insbesondere geometrisch zu interpretieren.

Die Voraussetzungen der Aufgabe können wir als System dreier Gleichungen schreiben:

$$\left.\begin{array}{l} x + y = 1, \\ x + a = u^2, \\ y + a = v^2. \end{array}\right\}$$

Durch Addition der letzten beiden folgt $2a + 1 = u^2 + v^2$. Daher muß a so gewählt werden, daß $2a + 1$ als Summe zweier Quadrate darstellbar ist. Eine allgemeine Bedingung dafür, daß eine Zahl weder als Summe zweier Quadrate ganzer Zahlen, noch als Summe der Quadrate zweier Brüche darstellbar ist, wurde in der Zeit nach DIOPHANT erst im 17. Jahrhundert von PIERRE FERMAT gefunden, der sie folgendermaßen formulierte:

„Die gegebene Zahl[1] darf weder ungerade sein, noch darf ihr um 1 vermehrter doppelter Wert bei der Division durch das Quadrat ihres größten Teilers eine Zahl ergeben, die eine Primzahl von der Form $4n - 1$ zum Teiler hat." [4]

Diese Bedingung kann aus einem bemerkenswerten Satz hergeleitet werden, den FERMAT aussprach, aber erst EULER bewies, nämlich: Als Summe zweier Quadrate sind genau diejenigen Primzahlen darstellbar, welche die Gestalt $4n + 1$ haben.

Kannte DIOPHANT den Beweis seines Diorismas und vermutete er, daß die von ihm formulierte Bedingung nicht nur notwendig, sondern auch hinreichend dafür ist, daß eine ganze Zahl als Summe zweier Quadrate darstellbar ist?

---

[1] d. h. die Zahl a

Dieser Frage widmete einer der berühmtesten Mathematiker des 19. Jahrhunderts, ein jüngerer Zeitgenosse von GAUSS, CARL GUSTAV JAKOB JACOBI (1804—1851) eine spezielle Untersuchung. [5] Zunächst gab er eine sorgfältige philologische Analyse des Diophantischen Textes und schlug folgende Rekonstruktion vor:

„Es muß aber die Gegebene weder ungerade sein, noch ein Factor, welchen die Doppelte von ihr und um Eins Grössere hat, vierfach gemessen werden neben der Eins d. h., die gegebene Zahl darf nicht ungerade sein und ihr um 1 vermehrtes Doppelte darf keinen Teiler der Form $4n - 1$ haben."

Übrigens wurde dieser Text in der Folgezeit auch von PAUL TANNERY, einem hervorragenden Kenner der Antike und Herausgeber der Werke DIOPHANTS (1893), in derselben Weise rekonstruiert.

Diese Bedingung ist tatsächlich notwendig, wenn man sie durch den Vorbehalt „nach Teilung durch die größte in ihr enthaltene Quadratzahl" ergänzt; anscheinend meinte aber DIOPHANT dies so. In diesem Fall ist die Bedingung auch hinreichend, d. h., sie charakterisiert die Menge der ganzen Zahlen, welche sich als Summe zweier Quadratzahlen darstellen lassen.

JACOBI nimmt an, DIOPHANT habe den Beweis dafür besessen, daß seine Bedingung notwendig ist, d. h., er habe sein Diorisma zu begründen gewußt. Er führt in seiner Arbeit eine Rekonstruktion eines Beweises an, der nur solche Methoden benutzt, die EUKLID und DIOPHANT in ihren Werken verwendet haben.

JACOBI zweifelte nicht daran, daß DIOPHANT auch gewußt habe, daß die Bedingung hinreichend ist; er konnte das aber nicht beweisen, da hierzu Hilfsmittel nötig waren, die über den Rahmen der antiken Mathematik hinausgehen.

In Aufgabe 14 des Fünften Buches formuliert DIOPHANT eine Bedingung dafür, daß eine Zahl als Summe dreier Quadrate darstellbar ist. Das Diorisma besteht darin, daß die Zahl nicht die Gestalt $8n + 7$ haben darf. Und hier kann der Beweis für die Notwendigkeit für DIOPHANT keine Arbeit bedeutet haben; er behauptet jedoch nirgends, daß jede ungerade Zahl, welche nicht die Form $8n + 7$ hat, tatsächlich als Summe dreier Quadrate darstellbar ist, obwohl man auch diese Aussage rein induktiv ge-

winnen kann. Da man das Prinzip der antiken Mathematiker
kennt, nur solche Behauptungen auszusprechen, die sie beweisen
konnten, kann man ohne weiteres behaupten, Diophant habe
seine sämtlichen Diorismen beweisen können. Und dies bedeutet,
daß er nicht nur ein genialer Algebraiker, nicht nur der Begründer
der diophantischen Analysis, sondern auch ein hervorragender
Forscher auf dem Gebiet der Zahlentheorie war.

§ 8. Diophant und die Mathematiker des 15. und 16. Jahrhunderts

Schon im Altertum begann man, den *Diophant* zu kommentieren. Arbeiten der berühmten HYPATIA, einer Tochter des alexandrinischen Gelehrten THEON, widmen sich der Untersuchung seiner Bücher. HYPATIA lebte am Ende des 4. und zu Anfang des 5. Jahrhunderts u. Z. in Alexandria, wo sie als glänzende Rednerin und Kennerin der Philosophie PLATOS berühmt wurde.

Die Werke HYPATIAS sind uns leider nicht erhalten geblieben. Aus der Zeit nach HYPATIA kennen wir keinen einzigen alexandrinischen Mathematiker. Die letzten griechischen Gelehrten PROKLOS DIADOCHOS, ISIDOROS von Milet und SIMPLIKIOS entwickelten ihre Lehre schon nicht mehr in Alexandria, sondern in Athen. Aber auch hier erlosch zu Beginn des 7. Jahrhunderts das wissenschaftliche Leben. Die antike Wissenschaft ging mit dem Verfall der antiken Gesellschaft unter. Zwischen dem 9. und 13. Jahrhundert entstanden neue wissenschaftliche Zentren: Byzanz (Konstantinopel), aber auch Bagdad und andere Städte des arabischen Ostens. Von hier aus drang vom 12. Jahrhundert an wissenschaftliches Denken nach Europa vor. Die Ideen DIOPHANTS verbreiteten sich auf zwei verschiedenen Wegen. Den ersten kann man den algebraischen, den zweiten den zahlentheoretischen oder auch arithmetischen nennen. Dabei wurde das Neue, das DIOPHANT zur Algebra beigetragen hatte, den europäischen Gelehrten dreihundert Jahre früher bekannt als seine Ideen zur Arithmetik. Das ist keineswegs überraschend. Die neue Algebra wurde sowohl von den byzantinischen Kommentatoren des DIOPHANT (MAXIMOS PLANUDES von Nikomedia, GEORGIUS PACHYMERES, die im 13. Jahrhundert lebten) als auch von den arabischen Mathematikern, insbesondere von ABŪ'L-WAFĀ' (10. Jahrhundert) und ihrer Schule übernommen. Allerdings verwendeten die Araber

keine Buchstabensymbole, sondern bezeichneten die Potenzen der
Unbekannten mit Worten. Etwas früher benutzten die Inder zur Bezeichnung der Potenzen der Unbekannten nicht das additive Prinzip,
wie das DIOPHANT getan hatte, sondern ein unzweckmäßiges multi-
plikatives Prinzip, d. h., sie bezeichneten x^6 nicht als „Kubokubos"
wie DIOPHANT, sondern als „Quadratokubos", so daß sie x^5 überhaupt nicht mit Hilfe der vorhergehenden Potenzen benennen
konnten, da 5 eine Primzahl, also nicht in Faktoren zerlegbar ist.
Sie mußten x^5 „taub" oder auch „erste nicht ausdrückbare (Potenz)"
nennen. Analog war es bei x^7, das sie „zweite nicht ausdrückbare"
nannten, ebenso bei x^{11} und allen Potenzen mit Primzahlexponen-
ten. Dieses Bezeichnungsprinzip ging von den Arabern auf Europa
über; es wurde während der Renaissance in Italien benutzt, später
auch von den deutschen Algebraikern, die als „Cossisten" bekannt
geworden sind. Eine Ausnahme bildet der hochbegabte Mathematiker des 13. Jahrhunderts, LEONARDO von Pisa (FIBONACCI), ein
Zeitgenosse DANTES. In seinem bekannten Buch *Liber abaci* verwendet er nicht nur das additive Prinzip zur Bezeichnung der Potenzen
der Unbekannten, sondern betrachtet als erster in Europa Aufgaben, die sich auf unbestimmte Gleichungen zurückführen lassen.

Was die Regeln DIOPHANTS für Rechenoperationen mit Polynomen und Gleichungen betrifft, so wurden sie von fast allen
Algebraikern des Mittelalters wiederholt.

Negative Zahlen wurden sehr viel weniger gern behandelt. Die
arabischen Mathematiker lehnten sie im allgemeinen ganz und
gar ab, und die europäischen verwendeten sie mit großem Miß-
trauen. Lange Zeit hindurch nannten sie die negativen Zahlen
„unechte Zahlen" und versuchten, ohne sie auszukommen.

Nun gibt es in der *Arithmetik* DIOPHANTS auch einen anderen,
sehr viel tiefer reichenden Kreis von Ideen, die mit der Lösung
unbestimmter Gleichungen, der diophantischen Analysis, zusammenhängen. Lange Zeit war darüber nichts bekannt. Im
15. und 16. Jahrhundert hatte sich in Europa eine paradoxe
Situation herausgebildet: Gelehrte benutzten eine Buchstabenalgebra, die auf DIOPHANT zurückgeht, entwickelten sie weiter,
kannten aber die Arbeiten DIOPHANTS nicht.

Als erster las sie vermutlich der bedeutende Astronom des 15. Jahrhunderts, Johannes Müller, der unter dem Namen Regiomontanus bekannt ist. Auf einer Reise durch Italien entdeckte er in Venedig ein Manuskript Diophants und teilte dies einem Freund brieflich mit. Das Manuskript setzte ihn durch den inhaltlichen Reichtum in Erstaunen. Er entschloß sich, es zu übersetzen, aber erst, nachdem er die 13 Bücher gefunden habe, von denen Diophant in seiner Einleitung spricht. Es wurden aber nur sechs Bücher gefunden, nämlich diejenigen, die auch uns bekannt sind, und so unterblieb die Übersetzung.

Es vergingen weitere 100 Jahre. Zu dieser Zeit wußte kein einziger der großen Algebraiker — und es gab deren nicht wenige, man braucht ja nur Geronimo Cardano und Niccolo Tartaglia zu nennen — etwas von Diophant. Aber im Jahre 1572 tauchten in der *Algebra* von Rafael Bombelli, Professor an der Universität Bologna, plötzlich 143 Aufgaben aus der *Arithmetik* des Diophant auf! Im Vorwort schrieb Bombelli, daß „eine diesem Gegenstand gewidmete Arbeit im vergangenen Jahr in der vatikanischen Bibliothek gefunden worden ist, die von einem gewissen Diophant, einem griechischen alexandrinischen Autor stammt, der zur Zeit des Antoninus Pius gelebt hat." Antoninus Pius war römischer Kaiser um die Mitte des 2. Jahrhunderts u. Z. Wie Bombelli seine Behauptung begründen wollte, daß Diophant in dieser Zeit gelebt hat, ist völlig ungewiß. Bei der Lektüre des Manuskripts wunderte sich Bombelli darüber, daß sein Autor „in der Wissenschaft von den Zahlen so sehr beschlagen" war. Und „mit dem Ziel, die Welt um das Produkt dieser Kapazität" zu bereichern, begann Bombelli zusammen mit dem römischen Mathematiker Antonius Maria Pazzi, der als erster das Manuskript gesehen hatte, mit der Übersetzung. Bombelli schreibt:

„Wir haben fünf von sieben Büchern übersetzt, konnten aber die Arbeit an den übrigen nicht vollenden, da wir anderweitige Verpflichtungen hatten."

Um welche sieben Bücher handelt es sich? Das Manuskript im Vatikan umfaßt nur sechs! Ist das siebente vielleicht verlorengegangen? Wenn uns die von Bombelli und Pazzi angefertigte

Übersetzung der ersten fünf Bücher überliefert wäre, so könnten wir sie mit denjenigen Büchern vergleichen, die uns zur Verfügung stehen, und feststellen, ob unsere Einteilung der Aufgaben nach Büchern derjenigen entspricht, die bei Bombelli getroffen wurde. Aber leider blieb uns keine Spur von dieser Übersetzung.

Die *Algebra* Bombellis ist in vieler Hinsicht bemerkenswert. In ihr wurden die algebraischen Bezeichnungen für die Potenzen der Unbekannten vervollkommnet, hier tauchten zum ersten Mal die komplexen Zahlen $a + bi$ mit $i^2 = -1$ auf, wobei die Rechenregeln für sie sehr genau formuliert wurden. Schließlich wurde mit Hilfe der komplexen Zahlen der sogenannte *casus irreducibilis* (irreduzibler Fall) einer kubischen Gleichung untersucht. Für uns ist das Buch Bombellis vor allem deshalb wichtig, weil hier zum ersten Mal Aufgaben Diophants auftauchen, wenn auch aus dem Zusammenhang gerissen. Jedoch zeigt sich der Einfluß der *Arithmetik* in dem ganzen Buch Bombellis. In seinem ursprünglichen Manuskript wurden die eigentlichen Aufgaben in eine pseudopraktische Form gekleidet, in seiner endgültigen Variante wurden sie, ebenso wie bei Diophant, abstrakt formuliert. Er änderte auch einige Termini, wobei er sie denen annäherte, die sich bei Diophant finden.

Schon drei Jahre nach dem Erscheinen der *Algebra* wurde die erste Übersetzung der *Arithmetik* ins Lateinische veröffentlicht. Sie stammt von Xylander (eigentlich Wilhelm Holtzmann), einem bekannten Philologen und Philosophen jener Zeit. Diese Übersetzung war im großen Ganzen gut, obwohl man merkt, daß sie von einem mathematischen Laien herrührt.

Danach tauchten Aufgaben aus den ersten vier Büchern Diophants in einem Buch des bekannten Mathematikers und Ingenieurs Simon Stevin (1585) auf, und in der zweiten, von dem begabten Algebraiker Albert Girard besorgten Auflage, auch Aufgaben aus den letzten beiden Büchern.

Die Methoden Diophants gewannen aber erst in den Werken von François Viète und Pierre de Fermat, diesen beiden hervorragenden französischen Mathematikern des 16. und 17. Jahrhunderts, neues Leben.

§ 9. Die Methoden Diophants bei Viète und Fermat

FRANÇOIS VIÈTE (1540—1603) wird mit Recht als Begründer der Buchstabenrechnung angesehen; ehe sie geschaffen war, kann man nur mit gewissen Einschränkungen von Algebra sprechen. Als erster nach DIOPHANT tat VIÈTE einen wesentlich neuen Schritt bei der Konstruktion dieses Kalküls, und zwar dadurch, daß er für willkürliche konstante Größen (oder Parameter), die in den Aufgaben vorkommen, Symbole einführte. Erst danach tauchten die ersten algebraischen Formeln auf, und es wurde möglich, einen Teil der geistigen Operationen durch Buchstaben zu ersetzen.

FRANÇOIS VIÈTE war auch der erste europäische Mathematiker, welcher der Methode DIOPHANTS zur Bestimmung der rationalen Punkte einer Kurve dritter Ordnung seine Aufmerksamkeit zuwandte und der diese Methode gut verstand.

In der Aufgabe 16 des Fünften Buches schreibt DIOPHANT:

„und wir hatten in den Porismata: Jede Differenz zweier Kuben läßt sich als Summe zweier Kuben darstellen." (CZWALINA [3], S. 87 — *Anm. d. Übers.*) [„Aus den Porismen ist uns bekannt, daß die Differenz von 2 Kuben sich stets aus 2 Kuben zusammensetzen läßt." — Ostwalds Klassiker, Bd. 234, S. 20 — *Anm. d. Übers.*)

Offenbar handelt es sich um die Lösung der Aufgabe

$$x^3 + y^3 = a^3 - b^3 \qquad (*)$$

mit $a > b > 0$ und positiven x, y. Die Lösung dieser Aufgabe ist aber in der *Arithmetik* selbst nicht zu finden.

Dieses Porisma bewies R. BOMBELLI in seiner *Algebra*. Er schenkte jedoch anscheinend der Methode selbst keine Aufmerksamkeit; jedenfalls formulierte er keine anderen Aufgaben, die mit derselben Methode zu lösen gewesen wären. In seinem Buch mit dem ungewöhnlichen Titel *Zetetika* (von dem griechischen

Verbum $\zeta\eta\tau\acute{\epsilon}\omega$ (zeteo) = suchen, forschen) bewies auch VIÈTE das Diophantsche Porisma; er führte noch zwei weitere Aufgaben an:

1. $x^3 - y^3 = a^3 + b^3$ $(x > y > 0,\ a > 0,\ b > 0)$,

2. $x^3 - y^3 = a^3 - b^3$ $(x > y > 0,\ a > b > 0)$.

Alle drei Aufgaben löst er mit Hilfe der diophantischen Tangentenmethode. So setzt VIÈTE beispielsweise zur Lösung der Aufgabe (*)

$$x = t - b, \quad y = a - kt$$

und erhält nach dieser Substitution

$$t^3(1 - k^3) + 3t^2(ak^2 - b) + 3t(b^2 - a^2k) = 0.$$

Dann fordert er, daß $b^2 - a^2k = 0$ ist, was der Forderung gleichkommt, daß die Gerade $y = a - k(x + b)$ Tangente an die Kurve (*) im Punkt $(-b, a)$ ist, und findet

$$t = \frac{3a^3b}{a^3 + b^3}.$$

Analog lassen sich auch die beiden anderen Aufgaben lösen. Später stellte FERMAT eine weitere Aufgabe:

$$x^3 + y^3 = a^3 + b^3.$$

Sie bereitet Schwierigkeiten; versucht man sie nämlich mit der üblichen Methode zu lösen, so werden x oder y negativ, d. h., die Summe zweier Kuben läßt sich nicht durch eine Summe zweier anderer Kuben darstellen, sondern durch deren Differenz. FERMAT umging diese Schwierigkeit, indem er mit Hilfe der Substitution $x = t + 1$ die ganze Kurve einer Translation unterwarf. Hierauf war er sehr stolz; er nannte diese Translation, die er auch in anderen Fällen anwandte, „meine Methode".

Im Jahre 1621 besorgte CLAUDE GASPAR DE BACHET DE MEZIRIAC eine neue Ausgabe der *Arithmetik* DIOPHANTS. Zum ersten Mal wurde nicht nur die lateinische Übersetzung (die neu angefertigt worden war und gegenüber der Übersetzung XYLANDERS beträchtliche Vorzüge aufwies), sondern auch der griechische Text

veröffentlicht. Diese Ausgabe wurde jedoch nicht nur dank der
Qualität der Übersetzung und dem ausführlichen Kommentar
BACHETS berühmt — in eines dieser Exemplare schrieb PIERRE
FERMAT seine Überlegungen und Resultate hinein, die sich auf die
Zahlentheorie beziehen. Und gerade hier, auf den Rand gegenüber
der Aufgabe 8 des Zweiten Buches, in der DIOPHANT ein gegebenes
Quadrat in die Summe zweier Quadrate zerlegt (vgl. § 5), schrieb
FERMAT:

> „Es ist jedoch nicht möglich, einen Kubus in 2 Kuben, oder ein Biquadrat in
> 2 Biquadrate und allgemein eine Potenz, höher als die zweite, in 2 Potenzen
> mit ebendemselben Exponenten zu zerlegen. Ich habe hierfür einen wahrhaft
> wunderbaren Beweis entdeckt, doch ist dieser Rand hier zu schmal, um ihn
> zu fassen." [6]

Das ist gerade der berühmte *Große Fermatsche Satz* (genauer:
die *Fermatsche Vermutung*), durch den der Name dieses Mathematikers auch außerhalb der Mathematik weithin bekannt wurde.
Auch in unserer Wissenschaft selbst nimmt dieser Satz eine Aus-
nahmestellung ein. Er war Gegenstand von Überlegungen und
Untersuchungen von EULER, LEGENDRE, DIRICHLET, KUMMER
und von anderen hervorragenden Mathematikern, die durch ihn
zur Schaffung neuer Gebiete der Mathematik angeregt wurden:
der höheren Zahlentheorie oder auch der Arithmetik der algebraischen Zahlkörper.

Wer war nun der Urheber des großen Satzes? Was wissen wir
über ihn? Zwar etwas mehr als über DIOPHANT, aber sehr viel
weniger als über viele seiner Zeitgenossen.

PIERRE FERMAT wurde im Jahre 1601 in Südfrankreich (in
Beaumont nahe Toulouse) geboren; er entstammt einer wohl-
habenden Familie, die dem dritten Stande angehörte. Ihm wurde
eine gute Ausbildung zuteil: Er beherrschte Latein, Italienisch
und Spanisch und schrieb sowohl in diesen Sprachen als auch in
Französisch elegante Verse. Griechisch konnte er so gut, daß er
viele wissenschaftliche Übersetzungen (darunter auch die des
DIOPHANT) berichtigte und als einer der besten Kenner der hel-
lenischen Kultur hätte berühmt werden können. Auf Grund seiner
juristischen Ausbildung hatte er Sitz und Stimme im Rat des

Parlaments (d. h. des Gerichts) der Stadt Toulouse. In Toulouse verbrachte er fast sein ganzes Leben, das äußerlich vermutlich ebenso verlief wie das seiner Kollegen am Gericht und das zahlreicher seiner handeltreibenden Verwandten. FERMAT war verheiratet, hatte fünf Kinder, kam selten aus Toulouse heraus. Dieses geruhsame und anscheinend stille Leben verlief in Wirklichkeit voller Spannung und recht stürmisch. Sein wahrer Inhalt war die Mathematik, die FERMAT bei der Lektüre der Mathematiker der Antike ARCHIMEDES, APOLLONIUS, DIOPHANT liebgewonnen hatte. Eine seiner mathematischen Arbeiten war die Rekonstruktion einer verlorengegangenen Abhandlung des APOLLONIUS *Über ebene Örter*, von der er durch die Werke des PAPPOS von Alexandrien erfahren hatte. Von da an nahm ihn die Mathematik gefangen. Das geht besonders deutlich aus seiner Korrespondenz hervor. Da er weitab von den damaligen Zentren der Wissenschaft lebte, war er gezwungen, seine Resultate in Briefen darzulegen und auch seine Probleme in dieser Form bekanntzumachen. Mehr als hundert solcher Briefe sind erhalten geblieben. Sie bilden bis heute eine äußerst interessante Lektüre — sie strahlen einen leidenschaftlichen Drang nach Erkenntnis mathematischer Wahrheiten aus, wie er niemals mit dieser Kraft einen Autor erfaßt hatte.

FERMAT war unbestreitbar der bedeutendste Mathematiker seiner Zeit. Er schuf allgemeinste neue Methoden jenes Gebietes unserer Wissenschaft, das später als Analysis des unendlich Kleinen — Infinitesimalrechnung — bezeichnet wurde; neben DESCARTES war er der Schöpfer der analytischen Geometrie, zusammen mit PASCAL begründete er die Wahrscheinlichkeitsrechnung.[1] Wie alle Gelehrten seiner Zeit interessierte sich FERMAT lebhaft für die Anwendungen der Mathematik bei der Analyse der Erscheinungen der physikalischen Welt. Er befaßte sich mit Optik, wo er mit Hilfe des jetzt als Fermatsches Prinzip bekannten Minimumprinzips klärte, wie sich ein Lichtstrahl in einem inhomogenen Medium bewegt.

---

[1] Vgl. hierzu etwa A. RÉNYI, Briefe über die Wahrscheinlichkeit, 2. Aufl., Berlin 1972 Basel—Stuttgart 1969 (Übersetzung aus dem Ungarischen). — *Anm. d. Übers.*

Das Lieblingsgebiet FERMATS war aber die Zahlentheorie.
Hier hatte er nicht seinesgleichen. Er verstand es, aus einer Fülle
interessanter Probleme und spezieller Aufgaben diejenigen Grund-
fragen herauszugreifen, bei deren Untersuchung sich die Zahlentheorie als selbständige Wissenschaftsdisziplin herauszubilden
begann. Mit den Fermatschen Problemen beschäftigten sich alle
großen Mathematiker des 18. und 19. Jahrhunderts, von EULER
bis HILBERT.

Wir sprechen von „Problemen", nicht von „Sätzen", da uns die
meisten Behauptungen FERMATS ohne Beweise überliefert sind.
Sie sind entweder auf den Rändern seines Exemplars der *Arithmetik*
des DIOPHANT formuliert, oder in Briefen, wo er sie anderen Gelehrten vorlegte, damit sie ihre Fähigkeiten bei Beweisversuchen
erproben konnten. Eine Ausnahme bildet nur sein großer Satz
für Biquadrate, dessen Beweis er mitteilte. In diesem Zusammenhang beschrieb FERMAT in aller Ausführlichkeit eine neue allgemeine Methode zum Beweis zahlentheoretischer Aussagen, die er
selbst als „Methode des unendlichen oder unbestimmten Abstiegs"
(heute *Deszendenzmethode* genannt) bezeichnete. Wir bringen hier
einen Auszug aus einem Brief FERMATS, in dem er die neue Methode beschreibt:

„... Da die üblichen Methoden, die in Büchern dargelegt sind, zum Beweis
derart schwieriger (es handelt sich um zahlentheoretische — I. G. BAŠMA-
KOVA) Sätze nicht ausreichen, suchte ich einen ganz spezifischen Weg, um
dieses Ziel zu erreichen.

Ich bezeichnete dieses Beweisverfahren als *unendlichen* oder *unbestimmten
Abstieg*; anfangs benutzte ich es nur zum Beweis negativer Aussagen, wie
etwa

es gibt keine Zahl, die um 1 kleiner als ein Vielfaches von 3 ist, welche aus
einem Quadrat und einem dreifachen Quadrat zusammengesetzt ist;

es gibt kein rechtwinkliges Dreieck mit ganzzahligen Seitenlängen, dessen
Flächeninhalt eine Quadratzahl ist.

Der Beweis läßt sich in folgender Weise indirekt führen:

Gäbe es ein rechtwinkliges Dreieck mit ganzzahligen Seitenlängen, dessen
Flächeninhalt eine Quadratzahl ist, so gäbe es ein anderes, kleineres Dreieck
mit derselben Eigenschaft. Gäbe es ein zweites, das kleiner wäre als das
erste, und das diese Eigenschaft hätte, so würde auf Grund einer ähnlichen
Überlegung ein drittes mit derselben Eigenschaft, das kleiner als das zweite

wäre, schließlich ein viertes, fünftes usw. existieren. Zu einer gegebenen Zahl gibt es aber nicht unendlich viele kleinere (es handelt sich dabei immer um ganze Zahlen). Hieraus kann man schließen, daß es kein rechtwinkliges Dreieck gibt, dessen Flächeninhalt eine Quadratzahl ist".[1])

Wir weisen darauf hin, daß diese Behauptung über den Flächeninhalt eines rechtwinkligen Dreiecks mit ganzzahligen Seitenlängen, an der FERMAT seine Deszendenzmethode veranschaulicht, mit der Aussage gleichbedeutend ist, daß keine zwei Biquadrate existieren, deren Differenz eine Quadratzahl ist. Erst recht kann diese Differenz dann kein Biquadrat sein. Somit folgt aus dieser Aussage der große Fermatsche Satz für Biquadrate. Der mit Hilfe der Deszendenzmethode geführte Beweis ist uns überliefert. Er ist der einzige zahlentheoretische Beweis von FERMAT, der uns bekannt ist. Später bewies EULER den großen Fermatschen Satz für die Exponenten $n = 3$ und $n = 4$ ebenfalls mit Hilfe der Deszendenzmethode.

Heute ist die Fermatsche Deszendenzmethode ein unersetzliches Werkzeug zur Untersuchung von Problemen der diophantischen Analysis geworden. Ihre Anwendung auf Probleme, die sich auf rationale Punkte einer Kurve oder einer anderen Mannigfaltigkeit beziehen, erfordert jedoch die Einführung eines neuen Begriffs, der „Höhe eines Punktes".

Es sei beispielsweise die unbestimmte Gleichung

$$f(x, y) = 0 \qquad (*)$$

gegeben, für die bewiesen werden soll, daß sie keine Lösung in rationalen Zahlen hat. Um den Beweis zu führen, gehen wir zu homogenen Koordinaten über, indem wir

$$x = \frac{u}{z}, \quad y = \frac{v}{z}$$

setzen; so erhalten wir

$$\Phi(u, v, z) = 0. \qquad (**)$$

---

[1]) Dieser Brief an CARCAVY ist in den *Oeuvres de Fermat*, Bd. II, S. 43, Paris 1891, veröffentlicht (Aus dem Russischen übersetzt. — *Anm. d. Übers.*).

Jeder rationalen Lösung von (*) entspricht eine ganzzahlige Lösung von (**). Daher genügt es zu beweisen, daß die Gleichung (**) keine ganzzahligen Lösungen hat.

Hat etwa (*) die Gestalt

$$Ax^n + By^n = C,$$

so lautet (**)

$$Au^n + Bv^n = Cz^n.$$

Es sei nun u, v, z eine ganzzahlige Lösung von (**). Unter der *Höhe* des Punktes (u, v, z) verstehen wir die größte der Zahlen $|u|, |v|, |z|$. Um die Deszendenzmethode anzuwenden, muß man zeigen, daß dann, wenn der Gleichung (**) die Koordinaten eines Punktes mit der Höhe h genügen, ihr auch die Koordinaten eines anderen Punktes genügen, dessen Höhe h_1 kleiner als h ist. Da aber nur endlich viele ganze Zahlen existieren, die kleiner als h sind, ist die Gleichung (**) nicht in ganzen Zahlen lösbar, also die Gleichung (*) nicht in rationalen Zahlen.

Wir müssen nun noch etwas darüber sagen, wie FERMAT unbestimmte Gleichungen zweiten und dritten Grades der Gestalt

$$f(x, y) = 0$$

behandelt hat. Das meiste, was man darüber sagen kann, läßt sich folgendermaßen ausdrücken. FERMAT hat DIOPHANT gut begriffen und verstand seine Methoden, zu denen er nur die Translationen einer Kurve hinzufügte. Aufgaben, die sich auf die Bestimmung der rationalen Lösungen einer unbestimmten Gleichung dritten Grades zurückführen lassen, finden wir sowohl auf den Rändern des FERMAT gehörenden Exemplars der *Arithmetik* als auch in einem anderen Werk von JACQUES DE BILLY, das dieser nach dem Tode FERMATS geschrieben hat, um dessen Methoden zu verbreiten. In diesem Werk *Doctrinae Analyticae Inventum novum*, das den gesammelten Abhandlungen FERMATS beigegeben wurde (die Ausgabe besorgte PAUL TANNERY), werden zwar die Verfahren DIOPHANTS ausführlich und systematisch angewendet, es wird aber nichts Neues hinzugefügt.

§ 10. Diophantische Gleichungen bei Euler und Jacobi; die Addition von Punkten einer elliptischen Kurve[1])

Die erste Etappe der Entwicklung der Theorie der unbestimmten Gleichungen zweiten und dritten Grades, die mit DIOPHANT begann, findet in den Arbeiten LEONHARD EULERS (1707—1783) ihren Abschluß.

LEONHARD EULER, der größte Mathematiker des 18. Jahrhunderts, eines der ersten Mitglieder der Petersburger Akademie, nimmt in unserer Wissenschaft einen so hervorragenden Platz ein, daß man buchstäblich keinen Zweig der Mathematik finden kann, den er nicht durch eigene fundamentale Resultate, tiefliegende Ideen oder weittragende allgemeine Methoden bereichert hat. Das von uns betrachtete Problem wurde durch die Arbeiten EULERS in zweifacher Hinsicht beeinflußt. Er selbst betrachtete in seiner *Algebra*[2]) das Problem der Lösung unbestimmter Gleichungen der Gestalt

$$y^2 = ax^2 + bx + c \qquad (16)$$

und

$$y^2 = ax^3 + bx^2 + cx + d \qquad (17)$$

in rationalen Zahlen und formulierte in aller Klarheit, worin der Unterschied zwischen beiden Fällen liegt. So schreibt EULER, ehe er sich der Untersuchung der Gleichung (17) zuwendet:

„Von vornherein ist auch hier zu bemerken, daß man keine allgemeine Auflösung geben kann, wie oben geschehen, sondern jede Operation giebt uns nur einen einzigen Werth für x zu erkennen, während die oben gebrauchte Methode auf einmal zu unendlich vielen Auflösungen führt." [7]

---

[1]) Eine algebraische Kurve vom Geschlecht 1 wird *elliptisch* genannt.

[2]) Dieses Buch wurde zuerst in russischer Sprache unter dem Titel *Universelle Arithmetik* (1768—1769) veröffentlicht. Später wurde es mehrfach in deutscher und französischer Sprache herausgegeben.

Er zeigt, wie man mit Hilfe der diophantischen Tangenten-
methode eine neue Lösung bestimmen kann. Dabei werden alle
Überlegungen rein analytisch, ohne Verwendung irgendwelcher
geometrischer Termini durchgeführt.

Euler bemerkte, daß sich Kurven dritter Ordnung in Spezial-
fällen wie Kurven zweiten Grades verhalten können[1]), d. h., daß
die Unbekannten x und y als rationale Funktionen (mit rationalen
Koeffizienten) eines einzigen Parameters ausdrückbar sind. Er
formulierte Bedingungen, unter denen dies möglich ist: Wenn eine
Gleichung der Gestalt (17) gegeben ist, so ist dafür notwendig,
daß das Polynom auf der rechten Seite eine mehrfache rationale
Wurzel hat:

$$F_3(x) = ax^3 + bx^2 + cx + d = a(x - \alpha)^2 (x - \beta).$$

Euler selbst bewies nur, daß diese Bedingung hinreichend ist. Er
zeigte, daß man in diesem Fall die rationalen Ausdrücke für x
und y mit Hilfe der Substitution

$$y = k(x - \alpha)$$

finden kann. Führt man sie nämlich aus, so ergibt sich

$$k^2(x - \alpha)^2 = a(x - \alpha)^2 (x - \beta)$$

und hieraus

$$x = \frac{k^2 + a\beta}{a}, \quad y = k\frac{k^2 + a\beta - a\alpha}{a}.$$

Es ist leicht zu beweisen, daß die Eulersche Bedingung damit gleich-
wertig ist, daß die Kurve $y^2 = F_3(x)$ einen einzigen Doppelpunkt
hat, d. h., daß das Geschlecht dieser Kurve 0 ist. Aus den Gleichungen

$$y^2 = ax^3 + bx^2 + cx + d,$$
$$3ax^2 + 2bx + c = 0,$$
$$2y = 0,$$

---

[1]) Das hatte schon Diophant bemerkt. So läßt sich die Aufgabe 6 des
Vierten Buches auf die Gleichung $x^3 + 16x^2 = y^3$ zurückführen, woraus sich
x und y als rationale Funktionen eines Parameters bestimmen lassen:
$$x = 16/(a^3 - 1), \quad y = ax = 16a/(a^3 - 1).$$

welche die singulären Punkte bestimmen, ergibt sich nämlich, daß die Abszisse des Doppelpunktes gemeinsame Wurzel des Polynoms $F_3(x) = ax^3 + bx^2 + cx + d$ und seiner Ableitung $F_3{}'(x) = 3ax^2 + 2bx + c$, also mehrfache Wurzel des Polynoms $F_3(x)$ sein muß. Diese Wurzel kann man finden, indem man auf $F_3(x)$ und $F_3{}'(x)$ den Euklidischen Algorithmus anwendet, und hieraus folgt, daß die Wurzel rational ist.

Später zeigte POINCARÉ, daß die Eulersche Bedingung nicht nur hinreichend, sondern auch notwendig ist (vgl. § 12).

In seinen letzten Lebensjahren wandte sich EULER erneut der diophantischen Analysis zu. Er vervollkommnete seine Methoden und wandte als erster die diophantische Sekantenmethode auf den Fall an, daß zwei endliche rationale Punkte der Kurve (17) bekannt sind. Es sei also

$$F_3(\alpha) = f^2, \quad F_3(\beta) = g^2; \tag{18}$$

dann setzt EULER

$$y = f + \frac{g - f}{\beta - \alpha}(x - \alpha) \quad \text{bzw.} \quad y = g + \frac{f - g}{\alpha - \beta}(x - \beta).$$

Das ist gleichbedeutend damit, daß durch die Punkte (α, f) und (β, g) eine Gerade gezogen wird. Er erhält einen weiteren rationalen Wert von x aus der Gleichung

$$F_3(x) = \left[f + \frac{g - f}{\beta - \alpha}(x - \alpha) \right]^2.$$

Dazu braucht er nur die Gleichungen (18) zu berücksichtigen.

Diese Arbeiten wurden erst im Jahre 1830, lange nach EULERS Tod veröffentlicht.

Von EULER stammt aber noch eine andere Untersuchung, die auf den ersten Blick nicht mit den diophantischen Aufgaben zusammenzuhängen scheint — er führte in die Behandlung dieser Aufgaben einen völlig neuen Gesichtspunkt ein. Wir meinen damit das von EULER entdeckte berühmte Additionstheorem für elliptische Integrale.

Es sei die Kurve

$$y^2 = x^3 + ax + b \tag{19}$$

und der Punkt $A(x, y)$ auf ihr gegeben.[1]) Wir setzen

$$\Pi(A) = \int\limits_{\infty}^{x} \frac{d\xi}{y}.$$

Das Eulersche Theorem besagt, daß zu beliebigen Punkten $A(x, y)$ und $B(x_1, y_1)$ der Kurve Γ ein Punkt $C(x_2, y_2)$ dieser Kurve existiert derart, daß

$$\Pi(A) + \Pi(B) = \Pi(C) \tag{20}$$

gilt. Dabei lassen sich die Koordinaten des Punktes C rational durch die Koordinaten der Punkte A und B, d. h. als rationale Funktionen mit rationalen Koeffizienten ausdrücken.[2]) Das ist das *erste Eulersche Theorem*.

Das *zweite Eulersche Theorem* besagt: Ist die Gleichung

$$\Pi(D) = n\Pi(A) \tag{21}$$

gegeben, wobei A und D Punkte der Kurve Γ und n eine beliebige (positive oder negative) ganze Zahl sind, so lassen sich die Koordinaten von D rational durch die Koordinaten von A ausdrücken.

Für $n = 2$ erhält man insbesondere die Gleichung

$$\Pi(D) = 2\Pi(A). \tag{22}$$

Die Beziehung (21) wird gelegentlich *Multiplikationstheorem für elliptische Integrale* genannt.

Sind also die Punkte A und B rational, so sind auch die Punkte C und D rational, d. h., nach dem Eulerschen Theorem lassen sich

---

[1]) EULER selbst betrachtete das Theorem für die Kurven $y^2 = F_3(x)$ und $y^2 = f_4(x)$. Wir beschränken uns auf den ersten Fall. Der zweite, auf dessen Behandlung wir verzichten, kann auf den ersten zurückgeführt werden.

[2]) Für diese Funktionen fand EULER einen expliziten Ausdruck, so daß man die Koordinaten des Punktes C berechnen kann, wenn die Koordinaten von A und B bekannt sind.

aus zwei bzw. einem rationalen Punkt einer Kurve Γ weitere rationale Punkte dieser Kurve bestimmen.

Diesen Zusammenhang zwischen dem Additionstheorem der elliptischen Integrale und der diophantischen Analysis bemerkte als erster der berühmte deutsche Mathematiker CARL GUSTAV JAKOB JACOBI, und zwar in seiner Arbeit *De usu theoriae integralium ellipticorum et integralium abelianorum in analysi Diophantea* (Über die Anwendung der Theorie der elliptischen und abelschen Integrale in der diophantischen Analysis), die 1834 in Crelles Journal, der ersten deutschen mathematischen Zeitschrift des vorigen Jahrhunderts, erschien. Die zeitgenössischen Mathematiker schenkten ihr anscheinend wenig Aufmerksamkeit, obwohl sie interessante und tiefliegende Überlegungen enthielt.

Zu Anfang seiner Arbeit bringt JACOBI seine Verwunderung darüber zum Ausdruck, daß der gelehrte Mann (gemeint ist EULER) diesen Zusammenhang, der auf der Hand liege, nicht bemerkt habe. Danach bringt er die Formulierung des Eulerschen Additionstheorems (für den Fall, daß zwei Punkte gegeben sind und den Fall, daß nur ein Punkt bekannt ist) und sagt, daß man, wenn man endlich viele rationale Punkte $A_1, \ldots, A_s$ einer Kurve Γ kenne, unendlich viele weitere rationale Punkte dieser Kurve auf Grund der Beziehung

$$\Pi(A) = m_1 \Pi(A_1) + \cdots + m_s \Pi(A_s)$$

erhalten könne ($m_1, \ldots, m_s$ sind beliebige ganze Zahlen). Analog sei es möglich, von einem einzigen rationalen Punkt A ausgehend, unter Benutzung von (21) eine unendliche Folge solcher Punkte zu erhalten. Erteilt man jedoch in dieser Formel der Zahl n die Werte $\pm 2, \pm 3, \ldots$, so wird man nicht unbedingt stets neue Punkte erhalten. Es kann vorkommen, daß für ein gewisses n

$$n\Pi(A) = \Pi(A)$$

ist, d. h., daß man nach endlich vielen Schritten wieder beim Ausgangspunkt anlangt. JACOBI bemerkt dies und findet eine Bedingung, welche eine solche Gleichheit nach sich zieht (wir geben sie hier nicht an, da wir uns sonst in die Untersuchung der Perioden der Integrale $\Pi(A)$ vertiefen müßten, was nicht in unserer Absicht liegt). Punkte, für die ein n existiert derart, daß $n\Pi(A) = \Pi(A)$ ist, nennen wir *Punkte endlicher Ordnung.*

Am Schluß seiner Arbeit skizziert JACOBI, wie man seine Resultate auf den Fall algebraischer Kurven höherer Ordnung übertragen kann. Dazu benutzt er an Stelle des Eulerschen Additionstheorems allgemeinere Sätze von ABEL. Wir wollen hierauf nicht näher eingehen, sondern nur bemerken, daß diese Ideen JACOBIS erst in unseren Tagen weiter verfolgt wurden.

Wir wenden uns nun dem wesentlichen Inhalt der Arbeit zu. Wir werden zeigen, daß JACOBI dabei nahe an die Entdeckung der Struktur der Menge der rationalen Punkte einer elliptischen Kurve herankam. Zu dieser Entdeckung fehlte ihm nicht etwa der mathematische Apparat, den er meisterhaft beherrschte, sondern ein völlig neuer Gesichtspunkt, der nur allmählich und unter Schwierigkeiten im vorigen Jahrhundert zum Tragen kam. Wir wollen versuchen, das Wesen dieses Gesichtspunktes zu erklären.

Wir betrachten die Menge M der rationalen Punkte einer Kurve Γ. Sind A und B zwei beliebige Punkte dieser Menge, so läßt sich auf Grund des Eulerschen Theorems in M ein Punkt C finden, für welchen

$$\Pi(A) + \Pi(B) = \Pi(C)$$

gilt. Wir wollen den Punkt C die *Summe* der Punkte A und B nennen und

$$A \oplus B = C$$

schreiben. Wir haben das Pluszeichen mit einem Kreis versehen, um zu betonen, daß es sich hier nicht um eine Addition von Zahlen handelt.

Somit haben wir in der Menge M eine Operation (Kompositionsvorschrift) erklärt, die je zwei Elementen A und B von M ein drittes Element C von M zuordnet.

In der modernen Mathematik nennt man eine Menge S, in der eine Kompositionsvorschrift $\oplus$ erklärt ist, eine *Gruppe*, wenn folgende Bedingungen erfüllt sind:

1. Für je drei Elemente A, B, C von S gilt das *Assoziativgesetz*

$$(A \oplus B) \oplus C = A \oplus (B \oplus C).$$

2. In der Menge S existiert ein *neutrales Element* N derart, daß für jedes A von S

$$A \oplus N = A$$

gilt.

3. Zu jedem Element A existiert in S ein *inverses (entgegengesetztes)* Element A' derart, daß

$$A \oplus A' = N$$

ist.

Gilt außerdem für je zwei Elemente A, B von S

$$A \oplus B = B \oplus A,$$

so nennt man die Gruppe *kommutativ* oder *abelsch*.

Beispielsweise ist die Menge aller ganzen Zahlen eine abelsche Gruppe bezüglich der gewöhnlichen Addition, die Menge der positiven rationalen Zahlen eine abelsche Gruppe bezüglich der gewöhnlichen Multiplikation, die Menge der quadratischen Matrizen zweiter Ordnung mit nichtverschwindender Determinante eine nichtkommutative Gruppe bezüglich der Matrizenmultiplikation. Im letzten Beispiel ist die Einheitsmatrix das neutrale Element.

In Analogie zu den Rechenoperationen mit Zahlen nennt man das Kompositionsgesetz in beliebigen Gruppen ebenfalls *Addition* oder *Multiplikation*. Dementsprechend wird das neutrale Element als *Null-* bzw. *Einselement* bezeichnet. Die Bezeichnungen entgegengesetztes bzw. inverses Element erklären sich dann zwanglos.

Wir werden nun untersuchen, ob die Menge M der rationalen Punkte einer elliptischen Kurve Γ bezüglich unserer „Addition" $\oplus$ eine Gruppe ist oder nicht.

Die erste Bedingung, die Assoziativität, folgt aus der analogen Eigenschaft der Addition der Integrale, für welche natürlich

$$[\Pi(A) + \Pi(B)] + \Pi(C) = \Pi(A) + [\Pi(B) + \Pi(C)].$$

gilt.

Gibt es aber in der Menge M einen Punkt, der die Rolle des Nullelementes spielt? Und gibt es zu jedem Punkt dieser Menge einen „entgegengesetzten" Punkt?

Wir beginnen mit der ersten Frage. Ist M die Menge der rationalen Punkte einer Kurve Γ, d. h. der Punkte von Γ, deren Koordinaten endliche rationale Zahlen sind, so gibt es in M keine Null. Um von der Addition von Punkten in M sprechen zu können, muß man zu M einen Punkt O hinzunehmen, welcher die Rolle des Nullelementes spielt. Wie das gemacht wird, setzen wir im folgenden Paragraphen auseinander. Jetzt wollen wir es als wahr annehmen. Offenbar muß für diesen Punkt O

$$\Pi(O) = 0$$

sein. Nun können wir zu jedem Punkt A einen entgegengesetzten Punkt A' finden. Es ist ja ganz natürlich anzunehmen, daß $A \oplus A' = O$ ist, wenn

$$\Pi(A) + \Pi(A') = \Pi(O) = 0$$

gilt. Dann muß man für A' den zu A bezüglich der x-Achse symmetrischen Punkt nehmen. Sind nämlich x, y die Koordinaten von A, so sind $x, -y$ die Koordinaten von A', und es ist

$$\Pi(A') = \int\limits_{\infty}^{x} \frac{d\xi}{-y} = -\int\limits_{\infty}^{x} \frac{d\xi}{y} = -\Pi(A).$$

Wegen

$$\Pi(A) + \Pi(B) = \Pi(B) + \Pi(A)$$

gilt

$$A \oplus B = B \oplus A,$$

also ist unsere Gruppe kommutativ.

Von dem Eulerschen Theorem ausgehend könnte man auf Grund des von JACOBI bemerkten Zusammenhanges in der Menge der rationalen Punkte einer elliptischen Kurve eine Addition definieren, zu dieser Menge einen einzigen Punkt hinzunehmen, und dann hätte diese Menge die Struktur einer kommutativen Gruppe.

Die Punkte endlicher Ordnung, von denen JACOBI spricht, sind
die Elemente endlicher Ordnung dieser Gruppe (ein Element E
einer (additiven) Gruppe hat die endliche Ordnung n, wenn das
endliche Vielfache $n \cdot E = E + E + \cdots + E$ gleich dem Null-
element der Gruppe ist).

So kann man die Bemerkung JACOBIS in unsere moderne Sprache
übersetzen.

Da jedoch die Mathematiker in der ersten Hälfte des vorigen
Jahrhunderts nicht geneigt waren, die arithmetischen Operationen
auf Punkte oder andere, von Zahlen gänzlich verschiedene Objekte zu übertragen, drückte JACOBI dieselben Resultate anders
aus. An Stelle der Addition der Punkte A und B sprach er von der
Addition der Integrale $\Pi(A)$ und $\Pi(B)$, wobei diese Addition
im gewöhnlichen Sinne des Wortes zu verstehen ist.

§ 11. Die geometrische Bedeutung der Addition von Punkten

Wir stellen nun die Frage: Gibt es einen Zusammenhang zwischen dem Eulerschen Additionstheorem und der diophantischen Tangenten- bzw. Sekantenmethode? In beiden Fällen lassen sich doch an Hand von zwei rationalen Punkten bzw. von einem rationalen Punkt einer Kurve Γ weitere rationale Punkte dieser Kurve bestimmen. Weder EULER noch JACOBI äußern sich über diesen Zusammenhang. Ein solcher Zusammenhang existiert aber wirklich!

Wir präzisieren unsere Frage. Zu zwei Punkten A und B einer Kurve Γ gibt es nach dem Eulerschen Theorem einen Punkt C dieser Kurve derart, daß

$$\Pi(C) = \Pi(A) + \Pi(B)$$

ist. Andererseits finden wir, wenn wir durch A und B eine Gerade legen, ihren Schnittpunkt C' mit der Kurve Γ. Gibt es irgendeinen Zusammenhang zwischen den Punkten C und C'? Es zeigt sich, daß ein solcher Zusammenhang besteht, und zwar ein sehr einfacher. Beide Punkte liegen symmetrisch zur x-Achse, d. h., wenn C die Koordinaten x_2, y_2 hat, dann sind x_2, $-y_2$ die Koordinaten von C'.

Jetzt können wir die Addition von Punkten auf einer Kurve in einfacher Weise geometrisch deuten. Die Summe der Punkte A und B ist derjenige Punkt C der Kurve Γ, welcher zum Schnittpunkt C' der Kurve Γ mit der Geraden AB symmetrisch ist.

Allerdings können wir auf diese Weise nicht den Punkt A zu sich selbst addieren, d. h. den Punkt $2A$ gewinnen. Nach der ersten Methode DIOPHANTS legen wir im Punkt A die Tangente an Γ und finden ihren Schnittpunkt D' mit der Kurve. Dieser Punkt D' liegt symmetrisch zum Punkt D, der sich nach der Eulerschen

Methode ergibt: $\Pi(D) = 2\Pi(A)$. Das heißt aber, daß wir den Punkt $2A$ und allgemein den Punkt nA für jedes ganze n rein geometrisch bestimmen können.

Welcher Punkt spielt nun aber die Rolle des Nullelementes bei dieser Deutung der Addition von Punkten?

Um diese Frage zu beantworten, führen wir wie in § 6 homogene Koordinaten ein. Wir setzen

$$x = \frac{u}{z}, \quad y = \frac{v}{z};$$

dann geht Gleichung (19) von Seite 70 in

$$v^2 z = u^3 + auz^2 + bz^3 \qquad (19')$$

über. Aus dieser Gleichung folgt, daß für $z = 0$ auch $u = 0$, aber v beliebig ist. Da homogene Koordinaten eines Punktes bis auf einen konstanten Faktor bestimmt sind, können wir $v = 1$ annehmen.

* Wir vereinbaren nun, daß das Zahlentripel $(0, 1, 0)$ einem uneigentlichen Punkt unserer Kurve entspricht, den wir mit O bezeichnen. Außerdem wollen wir annehmen, daß der zu O bezüglich der Abszissenachse symmetrische Punkt O' mit O zusammenfällt.

Wir zeigen, daß gerade dieser Punkt O bei der Addition von Punkten die Rolle des Nullelementes spielt. Zu diesem Zweck bemerken wir, daß alle vertikalen Geraden $u = cz$ sich im Punkt O schneiden. Für $z = 0$ ist nämlich auch $u = 0$, und v kann ja gleich 1 gesetzt werden.

Es sei jetzt ein rationaler Punkt A der Kurve Γ mit den Koordinaten x_0, y_0 gegeben. Dann ist nach dem soeben Bewiesenen die durch A und O gehende Gerade eine Vertikale, d. h., ihre Gleichung lautet

$$x = x_0.$$

Diese Gerade schneidet die Kurve Γ in drei Punkten: im Punkt A, im Punkt O und im Punkt A', dessen Koordinaten $x_0, -y_0$ sind und der zu A bezüglich der Abszissenachse symmetrisch liegt.

Nach unserer Definition ist die Summe der Punkte A und O der zu A' symmetrische Punkt, also der Punkt A selbst. Somit gilt

$$A \oplus O = A.$$

Schließlich ist A' mit den Koordinaten x_0, $-y_0$ der zum Punkt A entgegengesetzte Punkt. Die Verbindungsgerade dieser Punkte ist nämlich eine Vertikale, also schneidet sie die Kurve Γ noch im Punkt O. Dann existiert nach Definition der Summe von A und A' ein zu O symmetrischer Punkt, der aber nach Annahme mit O selbst übereinstimmt. Es ist also tatsächlich

$$A \oplus A' = O.$$

Wir weisen darauf hin, daß für den von uns bestimmten Punkt O die Beziehung

$$\Pi(O) = \int\limits_{\infty}^{\infty} \frac{dx}{y} = 0$$

gilt. Auf diese Weise hätte man auch aus dem Eulerschen Additionstheorem ersehen können, daß der unendlich ferne Punkt die Rolle des Nullelements spielen muß.

Somit kann man die „Addition" von Punkten einer elliptischen Kurve nach dem diophantschen Verfahren definieren. Wußten das EULER und JACOBI? Genauer, wußten sie, daß drei Punkte A, B, C einer elliptischen Kurve Γ, für welche die Beziehung

$$\Pi(A) + \Pi(B) + \Pi(C) = 0$$

gilt, auf einer Geraden liegen? Weder EULER noch JACOBI erwähnen es, obwohl diese Tatsache zumindest JACOBI bekannt sein mußte. Möglicherweise kannte auch EULER sie bereits. Beide formulierten nämlich das Additionstheorem für die Kurve

$$y^2 = ax^4 + bx^3 + cx^2 + dx + e, \qquad (*)$$

ohne auf den Spezialfall einer Kurve dritter Ordnung ($a = 0$) besonders einzugehen. Für die Kurve (*) haben, selbst wenn sie rationale Punkte besitzen, die Additionsformeln keine direkte und eindeutig bestimmte geometrische Bedeutung. Außerdem legten weder EULER noch JACOBI Wert auf die geometrische Deutung analytischer Beziehungen.

So einfach die hier dargelegten Überlegungen über die „Addition" von Punkten einer elliptischen Kurve auch sind, es vergingen doch etwa 70 Jahre, ehe sie einer systematischen Untersuchung der Struktur der Menge ihrer rationalen Punkte zugrunde gelegt wurden. Das wurde erst zu Anfang unseres Jahrhunderts von dem berühmten französischen Mathematiker HENRI POINCARÉ (1854—1912) getan.

§ 12. Die Arithmetik algebraischer Kurven

Die von uns erwähnte Arbeit JACOBIS blieb unbeachtet, und erst POINCARÉ wandte sich der Idee der Konstruktion einer Arithmetik auf einer algebraischen Kurve zu. Jedoch wurde in der Zeit zwischen 1834 und dem Ende des vorigen Jahrhunderts bei der Untersuchung der Geometrie algebraischer Kurven viel geleistet. Schon in Arbeiten des hervorragenden norwegischen Mathematikers NIELS HENRIK ABEL (1802—1829) tauchte der Begriff des Geschlechts einer algebraischen Kurve auf.[1]) Auf Grund ganz anderer Überlegungen kam der große deutsche Mathematiker BERNHARD RIEMANN (1826—1866) zu demselben Begriff. In seiner bemerkenswerten Arbeit *Theorie der Abelschen Functionen* (1857) legte er der Klassifikation der Gleichungen $F(s, z) = 0$ *birationale Transformationen* — er selbst sprach von *rationalen Substitutionen* — zugrunde und bewies, daß das Geschlecht einer Kurve eine Invariante solcher Transformationen ist. RIEMANN schrieb:

„Man betrachte nun als zu einer *Klasse* gehörend *alle irreductiblen algebraischen Gleichungen zwischen zwei veränderlichen Grössen, welche sich durch rationale Substitutionen ineinander transformieren lassen,* so daß $F(s, z) = 0$ und $F_1(s_1, z_1) = 0$ zu derselben Klasse gehören, wenn sich für s und z solche rationalen Functionen von s_1 und z_1 setzen lassen, daß $F(s, z) = 0$ in $F_1(s_1, z_1) = 0$ übergeht und zugleich s_1 und z_1 rationale Functionen von s und z sind." [8]

In späteren Arbeiten von CLEBSCH und anderen deutschen Mathematikern wurden die Grundlagen der Theorie der algebraischen Kurven gelegt. In der Regel wurden jedoch derartige Kurven über dem Körper der komplexen Zahlen betrachtet (d. h., die Koeffi-

---

[1]) Zur Definition des Geschlechts einer Kurve vgl. § 3.

zienten der Gleichungen wurden als komplexe Zahlen angenommen); daher befaßte man sich nicht mit der Arithmetik dieser Kurven.

HENRI POINCARÉ beginnt seine Abhandlung *Über die arithmetischen Eigenschaften algebraischer Kurven* (französisch, Journ. de mathém. pures et appl., Paris, 5-me série, v. 7 (1901), S. 161 bis 234) mit der wichtigen Bemerkung, die arithmetischen Eigenschaften vieler Objekte seien ganz eng mit Transformationen dieser Objekte verknüpft. Handelt es sich beispielsweise um quadratische Formen zweier Veränderlicher, so sind, wie GAUSS bewiesen hat, solche Transformationen lineare Substitutionen mit ganzen Koeffizienten. Er schreibt weiter:

„Man kann annehmen, daß die Untersuchung ähnlicher Transformationsgruppen der Arithmetik viele Dienste erweist. Gerade dies veranlaßte mich, die folgenden Überlegungen zu veröffentlichen, obwohl sie eher ein Untersuchungsprogramm als eine ausgearbeitete Theorie bilden."[1]

POINCARÉ begann zu untersuchen, in welcher Weise die Probleme der diophantischen Analysis miteinander zusammenhängen und systematisiert werden können. Zu diesem Zweck entschloß er sich, eine neue Klassifizierung der Polynome zweier Veränderlicher mit ganzrationalen Koeffizienten einzuführen. Dieser Klassifizierung legte er die Gesamtheit der birationalen Transformationen mit rationalen Koeffizienten zugrunde. Wir haben schon gesagt, daß auch RIEMANN eine analoge Klassifikation eingeführt hatte. Der Unterschied besteht darin, daß RIEMANN birationale Transformationen mit *komplexen* Koeffizienten annahm, während POINCARÉ sie als *rational* voraussetzte. Gerade das ermöglichte es ihm, zur Untersuchung der arithmetischen Eigenschaften der Kurven vorzudringen.

Nach POINCARÉ sind also zwei Kurven

$$f_1(x, y) = 0 \quad \text{und} \quad f_2(x, y) = 0$$

äquivalent oder zu *ein und derselben Klasse gehörig,* wenn man von

---

[1] Aus dem Russischen übersetzt. — *Anm. d. Übers.*

der einen mit Hilfe einer birationalen Transformation mit rationalen Koeffizienten zu der anderen übergehen kann.[1])

So sind beispielsweise je zwei Geraden

$$ax + by + c = 0$$

und

$$a'x + b'y + c' = 0,$$

deren Koeffizienten rational sind, äquivalent.

Um das zu beweisen, wählt POINCARÉ einen festen rationalen
Punkt F, der auf keiner der beiden Geraden liegt, und ordnet
jedem Punkt A der ersten Geraden den Punkt A' der zweiten zu,

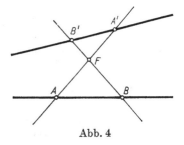

Abb. 4

der sich als Schnittpunkt dieser zweiten Geraden mit der Geraden
AF ergibt (Abb. 4). Demnach gehören alle Geraden mit rationalen
Koeffizienten ein und derselben Klasse an.

Danach geht er zu den Kegelschnitten, d. h. Kurven zweiter
Ordnung, über und zeigt folgendes: Liegt auf einem Kegelschnitt
$f(x, y) = 0$ (mit ganzen oder rationalen Koeffizienten) wenigstens
ein rationaler Punkt C, so ist er einer rationalen Geraden äquivalent. Zu diesem Zweck ordnet er jedem Punkt A einer festen
rationalen Geraden L einen Punkt A' des Kegelschnittes Γ so zu,
daß die Punkte A, A' und C auf einer Geraden liegen (Abb. 5).
Dieses Ergebnis war, wie wir gesehen haben, schon von DIO-
PHANT erzielt worden.

---

[1]) Das ist genau dieselbe Definition einer birationalen Äquivalenz, wie
wir sie in § 3 angegeben haben.

Dann betrachtet POINCARÉ kubische Kurven vom Geschlecht 0. Da nach Definition des Geschlechts

$$0 = \frac{(3-1)\,(2-1)}{2} - d$$

ist, erhalten wir hieraus $d = 1$, d. h., die Kurve muß genau einen Doppelpunkt besitzen. POINCARÉ behauptet, dieser Punkt müsse rational sein; auf den Beweis dieser Tatsache wollen wir aber nicht eingehen. Wir weisen nur darauf hin, daß der Beweis dafür, daß aus der Existenz eines Doppelpunktes auf der Kurve $y^2 = F_3(x)$

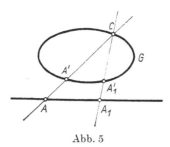

Abb. 5

folgt, daß sich x und y als rationale Funktionen eines einzigen Parameters ausdrücken lassen, schon von EULER stammt (vgl. § 10).

EULER hat aber nicht die Notwendigkeit dieser Bedingung bewiesen. Daß das Vorliegen eines Doppelpunktes nach sich zieht, daß eine Kubik (d. h. eine Kurve dritter Ordnung) einer rationalen Geraden äquivalent ist, beweist POINCARÉ in derselben Weise wie EULER, nur führt er den Beweis nicht analytisch, sondern geometrisch. Er nimmt diesen Doppelpunkt C als Basis, fixiert eine rationale Gerade L und ordnet jedem Punkt A dieser Geraden den Punkt A' der Kubik Γ zu, der auf der Geraden AC liegt (Abb. 6).

Nach diesen Vorbereitungen beweist POINCARÉ den Hauptsatz, der das Problem der Menge M der rationalen Punkte einer Kurve vom Geschlecht 0 vollständig löst.

Satz. *Jede Kurve vom Geschlecht 0 und einer Ordnung m, m > 2, ist einer Kurve der Ordnung m — 2 birational äquivalent.*

Daher ist jede Kurve ungerader Ordnung ($m = 2k + 1$) vom Geschlecht 0 einer Geraden und jede Kurve gerader Ordnung ($m = 2k$) vom Geschlecht 0 einem Kegelschnitt birational äquivalent.

Hieraus folgt insbesondere, daß auf jeder Kurve ungerader Ordnung vom Geschlecht 0 unendlich viele rationale Punkte liegen.

Das Problem der rationalen Punkte auf Kurven gerader Ordnung vom Geschlecht 0 läßt sich auf die Bestimmung der ratio-

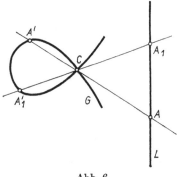

Abb. 6

nalen Punkte eines Kegelschnittes zurückführen, und die Struktur dieser Menge wurde schon von DIOPHANT untersucht.

Wir weisen darauf hin, daß analoge Resultate, die sich auf Kurven vom Geschlecht 0 beziehen, 10 Jahre vor POINCARÉ in der Arbeit von DAVID HILBERT und ADOLF HURWITZ *Über die diophantischen Gleichungen vom Geschlecht Null*, Acta Math. 14 (1890) zu finden sind. In dieser Arbeit wurde schon die Aufmerksamkeit darauf gelenkt, daß die Menge der rationalen Punkte einer algebraischen Kurve gegenüber birationalen Transformationen mit rationalen Koeffizienten invariant ist. POINCARÉ kannte anscheinend diese Arbeit nicht, zumindest erwähnt er sie nirgends. Allerdings ist diese Abhandlung POINCARÉS weniger wegen dieser

Resultate, sondern vor allem wegen der Untersuchung der Kurven vom Geschlecht 1 interessant.

POINCARÉ beginnt diese Untersuchungen mit der Betrachtung der einfachsten Kurven vom Geschlecht 1, d. h. der Kurven dritter Ordnung. Hat eine solche Kurve Γ wenistens einen rationalen Punkt, so läßt sich ihre Gleichung, wie wir ausgeführt haben, mit Hilfe birationaler Transformationen auf die Gestalt

$$y^2 = x^3 + ax + b \qquad (*)$$

bringen. Wir können also annehmen, die Gleichung sei in dieser Gestalt gegeben. POINCARÉ erläutert die diophantische Tangenten- und Sekantenmethode — selbstverständlich ohne den Namen DIOPHANTS zu nennen — um weitere rationale Punkte der Kurve Γ zu finden, wenn einer oder zwei solcher Punkte bekannt sind. Beide Methoden formuliert er anfangs geometrisch, um sie dann mit dem Eulerschen Additionstheorem in Zusammenhang zu bringen, indem er bemerkt (was JACOBI nicht tat), daß die Punkte A, B, C einer elliptischen Kurve Γ, welche der Beziehung

$$\Pi(A) + \Pi(B) + \Pi(C) = 0 \qquad (**)$$

genügen, auf einer Geraden liegen. POINCARÉ präzisiert auch die Bedeutung dieser Gleichung.

Die Sache ist die, daß das Integral $\int\limits_{a}^{u} \dfrac{dx}{y}$, wobei y sich aus der Gleichung (*) bestimmt, eine unendlich vieldeutige Funktion seiner oberen Grenze ist. Es erinnert in gewisser Weise an die Funktion

$$\int\limits_{0}^{u} \frac{dx}{\sqrt{1 - x^2}} = \arcsin u,$$

deren „Hauptwert" im Intervall $\left(-\dfrac{\pi}{2}, \dfrac{\pi}{2}\right)$ liegt, während sich die übrigen Werte durch Addition von ganzen Vielfachen der Periode 2π ergeben.

Ähnlich hat auch $\displaystyle\int\limits_0^u \frac{dx}{\sqrt{x^3 + ax + b}}$ einen „Hauptwert", von dem sich alle übrigen Werte um Summanden der Gestalt $m_1\omega_1 + m_2\omega_2$ unterscheiden, wobei m_1 und m_2 ganzrationale Zahlen und ω_1 und ω_2 die Perioden sind; dabei ist das Verhältnis zwischen ihnen eine komplexe Zahl mit nicht verschwindendem Imaginärteil. Da aber in der Gleichung (**) drei Integrale vorkommen, von denen jedes bis auf die Perioden genau definiert ist, kann man, wie POINCARÉ bemerkt, die Summanden so wählen, daß ihre Summe gleich Null ist. Diese Präzisierung, die EULER und JACOBI bei ihrem formalen Herangehen an mathematische Beziehungen überflüssig schien, wurde in einer Arbeit zu Anfang unseres Jahrhunderts notwendig.

POINCARÉ definiert die Addition rationaler Punkte auf einer elliptischen Kurve Γ explizit und zeigt, daß die Menge M dieser Punkte bezüglich dieser Addition eine kommutative Gruppe ist. Schon aus der Definition der Addition und der Verdoppelung von Punkten wird deutlich, daß mit $A_1, \ldots, A_s$ auch

$$A = m_1 A_1 + \cdots + m_s A_s \qquad (***)$$

zu M gehört.

POINCARÉ stellt die Frage, ob man die Punkte $A_1, \ldots, A_s$ so wählen kann, daß die Formel (***) alle rationalen Punkte der Kurve liefert.

Übersetzt man diese Frage in die Sprache der Gruppentheorie, so lautet sie: Hat die Gruppe der rationalen Punkte der Kurve endlich viele Erzeugende? Auf diese Weise beginnt POINCARÉ mit einer tiefergehenden Untersuchung der Struktur der Menge M.

POINCARÉ nennt Punkte $A_1, \ldots, A_s$, aus denen man alle übrigen mittels rationaler Operationen erhalten kann, ein *Fundamentalsystem rationaler Punkte*. Er bemerkt, daß ein Fundamentalsystem auf unendlich viele Arten gewählt werden kann. Wir werden die Fundamentalpunkte so zu wählen versuchen, daß ihre Anzahl möglichst klein ist.

Die kleinste Zahl r rationaler Punkte, aus denen sich alle übrigen nach Formel (***) bestimmen lassen, nennt POINCARÉ den *Rang der Kurve Γ*.[1])

Man kann zeigen, daß der Rang eine Invariante bezüglich birationaler Transformationen ist, d. h. also, der Rang ist eine der wichtigen inneren Eigenschaften einer Kurve.

Bezüglich des Ranges stellt POINCARÉ folgendes Problem: „Welche Werte kann die ganze Zahl annehmen, die wir den Rang einer rationalen Kubik nannten?"

Diese Frage wurde von den späteren Mathematikern als die Aussage aufgefaßt, daß der Rang einer elliptischen Kurve immer endlich sei, d. h., daß die Gruppe ihrer rationalen Punkte endlich viele Erzeugende habe. Diese Aussage nannte man die *Poincarésche Vermutung*. Sie wurde erst im Jahre 1922 von dem englischen Mathematiker L. J. MORDELL bewiesen. Dies war das herausragendste Resultat seit der Zeit POINCARÉS. Den Satz, daß der Rang einer Kurve vom Geschlecht 1 über dem Körper der rationalen Zahlen immer endlich ist, bewies MORDELL mit Hilfe der Fermatschen Deszendenzmethode.

Nach der Untersuchung von Kubiken geht POINCARÉ zu anderen Kurven vom Geschlecht 1 über, und beweist folgenden Hauptsatz:

Es sei $f(x, y) = 0$ eine Kurve der Ordnung m vom Geschlecht 1. Liegt auf ihr wenigstens ein rationaler Punkt, so ist sie einer Kurve dritter Ordnung birational äquivalent.

Damit ist das Problem der Kurven vom Geschlecht 1 vollständig gelöst: Auf einer solchen Kurve liegt entweder kein einziger rationaler Punkt, oder die Kurve ist einer Kubik (birational) äquivalent, und dann hat die Menge ihrer rationalen Punkte dieselbe Struktur wie die Kurve (*).

Die Abhandlung POINCARÉS enthält noch weitere interessante Ideen und „Untersuchungsprogramme", doch können wir hier darauf nicht eingehen. Lediglich eine vom Standpunkt der Ge-

---

[1]) Heute versteht man unter dem Rang r einer elliptischen Kurve Γ die kleinste Zahl rationaler Punkte $A_1, \ldots, A_r$ derart, daß jeder rationale Punkt A der Kurve die Gestalt $A = m_1 A_1 + \cdots + m_r A_r + P$ hat, wobei P ein Punkt endlicher Ordnung ist.

schichte der Mathematik interessante Tatsache möchten wir erwähnen. POINCARÉ kannte anscheinend keine der Arbeiten seiner
Vorgänger auf dem Gebiet der Arithmetik algebraischer Kurven.
Die Methoden DIOPHANTS und ihr Zusammenhang mit dem Eulerschen Additionstheorem waren ihm aus der allgemeinen Theorie
der algebraischen Kurven bekannt. (Doch kann man nicht nur
rationale Punkte addieren! Die rationalen Punkte sind geometrisch
nichts Besonderes und werden nicht besonders herausgehoben.)
Auf den Gedanken, die bekannten Tatsachen und Methoden beim
Studium der arithmetischen Eigenschaften der Kurven anzu-
wenden, kam POINCARÉ unabhängig von anderen. Somit tauchte
dieser Gedanke mindestens dreimal auf. In der Mitte des 3. Jahrhunderts u. Z. bei DIOPHANT, in den 30er Jahren des vorigen Jahrhunderts bei JACOBI und schließlich zu Anfang unseres Jahrhunderts bei HENRI POINCARÉ. Das ist in der Geschichte der
Mathematik nichts Einmaliges. So wurde die projektive Geometrie dreimal entdeckt — einmal im Altertum, zum zweiten Mal
in Arbeiten von DESARGUES und PASCAL im 17. Jahrhundert und
schließlich „zum letzten Mal" — zu Anfang des 19. Jahrhunderts
in Arbeiten von PONCELET und anderen. „Zum letzten Mal" in
dem Sinne, daß seit dieser Zeit bis heute die Kontinuität und die
Tradition bei diesen Untersuchungen nicht mehr unterbrochen
werden. Das kann man übrigens auch von der Arithmetik der
algebraischen Kurven nach POINCARÉ sagen.

§ 13. Abschließende Bemerkungen

Wir wollen nun noch auf einige Verallgemeinerungen, Ergebnisse und Vermutungen eingehen, die sich auf die Arithmetik algebraischer Kurven beziehen.

Eine dieser Verallgemeinerungen wurde schon in der Abhandlung POINCARÉS angedeutet. Von DIOPHANT bis POINCARÉ untersuchte man die arithmetischen Eigenschaften von Kurven über dem Körper der rationalen Zahlen, d. h., die Koeffizienten der Gleichung

$$f(x, y) = 0$$

der Kurve Γ, die Koeffizienten aller birationalen Transformationen sowie die Koordinaten der gesuchten Punkte mußten dem Körper Q der rationalen Zahlen angehören. POINCARÉ schlug vor, ähnliche Untersuchungen über dem Körper der algebraischen Zahlen, etwa dem Körper $Q(\sqrt{D})$ durchzuführen. In diesem Fall wird ein Punkt rational genannt, wenn seine Koordinaten dem zugrunde gelegten Körper angehören.

Man kann aber auch eine Arithmetik der Kurven über einem völlig beliebigen Körper k konstruieren, beispielsweise über dem Körper der rationalen Funktionen einer Veränderlichen oder über einem endlichen Körper (etwa dem Restklassenkörper nach einem Primzahlmodul p).

Im Jahre 1929 bewies der französische Mathematiker ANDRÉ WEIL mit Hilfe der Fermatschen Deszendenzmethode die Poincarésche Vermutung über die Endlichkeit des Ranges einer elliptischen Kurve über einem beliebigen Körper k.

Eine andere Verallgemeinerung, die ebenfalls auf POINCARÉ zurückgeht, bezieht sich auf die Arithmetik algebraischer Kurven von einem Geschlecht $p > 1$. In diesem Fall kann man keine

Addition von Punkten definieren, man kann aber eine „Addition"
für Systeme von p Punkten einführen, wobei p das Geschlecht
der Kurve ist. Eine solche „Addition" wurde schon der erwähnten
letzten Arbeit JACOBIS skizziert; auch POINCARÉ befaßte sich im
letzten Paragraphen seiner Abhandlung damit. In seiner Arbeit
aus dem Jahre 1929 bewies WEIL, daß die Vermutung über die
Endlichkeit des Ranges auch für algebraische Kurven beliebigen
Geschlechts und über jedem Körper k richtig ist.

Parallel zu diesen Untersuchungen befaßte man sich auch mit
dem Problem ganzzahliger Punkte (das sind Punkte mit ganzzahligen Koordinaten) auf algebraischen Kurven. Schon im Jahre
1923 bewies L. J. MORDELL, daß die Gleichung

$$Ey^2 = Ax^3 + Bx^2 + Cx + D$$

nur endlich viele ganzrationale Lösungen besitzt. Das allgemeinste
Resultat in dieser Richtung erzielte der deutsche Mathematiker
CARL LUDWIG SIEGEL, der mittels einer Methode von A. THUE und
der Methode von MORDELL und WEIL beweisen konnte, daß die
Anzahl der ganzzahligen Punkte einer Kurve $f(x, y) = 0$ vom
Geschlecht $p > 0$ über dem Körper k der algebraischen Zahlen
immer endlich ist. MORDELL hat vermutet, daß die Anzahl der
rationalen Punkte einer Kurve vom Geschlecht $p > 1$ höchstens
endlich ist. Diese Vermutung konnte bisher nicht bewiesen werden.
Hier liegt nur ein Resultat des sowjetischen Mathematikers Ju. I.
MANIN vor, der Kurven nicht über dem Körper Q der rationalen
Zahlen (worauf sich die Vermutung MORDELLS bezieht), sondern
über dem Körper K der algebraischen Funktionen untersuchte und
bewies, daß alle Kurven vom Geschlecht $p > 1$, von einer ein-
fachen speziellen Klasse solcher Kurven abgesehen, im Körper
K nur endlich viele rationale Punkte besitzen.

Wir möchten darauf hinweisen, daß alle Sätze, die über Er-
zeugendensysteme der Gruppe der rationalen Punkte einer elliptischen Kurve bewiesen wurden, reine Existenzsätze sind. Man
kennt kein effektives Verfahren, diese Erzeugenden zu bestimmen.
Auch das von POINCARÉ formulierte Problem, welche Werte die
Zahl, die er den Rang einer elliptischen Kurve nannte, annehmen

kann, ist noch offen. Bisher ist weder bekannt, ob Kurven existieren, deren Rang größer als 11 ist, noch konnte man beweisen,
daß der Rang nicht beliebig große Werte annehmen kann. Das
einzige Ergebnis in dieser Richtung stammt von dem sowjetischen
Mathematiker A. I. Lapin, der zeigte, daß über dem Körper der
rationalen Funktionen Kurven beliebig großen Ranges existieren.

Das tiefliegendste Resultat, das sich auf den Nachweis der
Existenz rationaler Punkte auf einer elliptischen Kurve bezieht,
stammt von dem sowjetischen Mathematiker I. R. Šafarevič und
dem amerikanischen Mathematiker J. Tate. Jedoch können wir
hier weder den Beweis bringen, noch das Ergebnis formulieren,
da hierzu umfangreichere Kenntnisse der modernen Algebra und
algebraischen Geometrie erforderlich sind, als wir in dieser Bro-
schüre voraussetzen können. Außerdem sind wir von der Geschichte des Problems zur modernen Zeit übergegangen, und der
Leser kann sich, wenn er will, mit dem gegenwärtigen Stand der
Theorie der diophantischen Gleichungen an Hand von Übersichts-
artikeln vertraut machen. Wir verweisen beispielsweise auf die
Arbeit von J. Cassels[1]), die 1968 auch in russischer Übersetzung
erschienen ist.

---

[1]) Diophantine equations with special reference to elliptic curves, J. London Math. Soc. 41 (1966), 193—291.

Quellenverzeichnis

[1] Vgl. Die Hilbertschen Probleme, Ostwalds Klassiker der exakten Wissenschaften, Nr. 252, Leipzig 1971, S. 177. — *Anm. d. Übers.*

[2] Zitiert nach VERGILIUS Publius Naso, Kleine Aeneis. Nach Vergils größerem Werke von AUGUST TEUBER, Halle/Saale 1897. — *Anm. d. Übers.*

[3] I. TIMČENKO, Die Anfänge der Theorie der analytischen Funktionen, Teil I, Historisches (russisch), Odessa 1892—1898; vgl. A. I. MARKUSCHEWITSCH [26]. — *Anm. d. Übers.*

[4] Zitiert nach Bemerkungen zu DIOPHANT von PIERRE DE FERMAT. Aus dem Lateinischen übersetzt und mit Anmerkungen herausgegeben von MAX MILLER. Ostwalds Klassiker der exakten Wissenschaften, Nr. 234, Leipzig 1932, S. 18. — *Anm. d. Übers.*

[5] Über die Kenntnisse des Diophantus von der Zusammensetzung der Zahlen. Berliner Monatsberichte 1847 (Gesammelte Werke, VII, 1891, S. 336). — *Anm. d. Übers.*

[6] Zitiert nach Ostwalds Klassiker der exakten Wissenschaften, Leipzig 1932, Nr. 234, S. 3. — *Anm. d. Übers.*

[7] LEONHARD EULER, Vollständige Anleitung zur Algebra. Neue Ausgabe, Philipp Reclam jun., Leipzig, o. J., S. 406 (Universal-Bibliothek Nr. 1802 bis 1805). — *Anm. d. Übers.*

[8] Theorie der Abel'schen Functionen (aus Borchardt's Journal für reine und angewandte Mathematik, Bd. 54, 1857). In: Bernhard Riemann's gesammelte mathematische Werke und wissenschaftlicher Nachlaß, herausgegeben unter Mitwirkung von RICHARD DEDEKIND von HEINRICH WEBER, B. G. Teubner, Leipzig 1892, S. 119. — *Anm. d. Übers.*

Literatur

Der interessierte Leser sei noch auf folgende, zum Teil auch im Text oder im Quellenverzeichnis aufgeführten Werke verwiesen, denen er weitere interessante Einzelheiten über DIOPHANT, sein Werk und sein Wirken bis in unsere Tage entnehmen kann:

[1] HEATH, Sir THOMAS L., Diophantus of Alexandria, A Study in the History of Greek Algebra. 2-nd Edition, Dover Publications, Inc. New York 1964. (Ungekürzter und korrigierter Nachdruck der 2. Aufl. (1910) des zuerst von Cambridge University Press veröffentlichten Werkes.)

Das klassische Buch über DIOPHANT und sein Werk. Deutsche Übersetzungen des Diophantschen Werkes:

[2] Die Arithmetik und die Schrift über Polygonalzahlen des Diophantus von Alexandria. Übersetzt und mit Anmerkungen begleitet von G. WERTHEIM, B. G. Teubner, Leipzig 1890.

[3] Arithmetik des Diophantos aus Alexandria. Aus dem Griechischen übertragen und erklärt von ARTHUR CZWALINA, Beiheft 1 zu den Abhandlungen aus dem Mathematischen Seminar der Universität Hamburg, Vandenhoeck & Ruprecht, Göttingen 1952.

Zur Geschichte der Mathematik mit Hinweisen auf DIOPHANT:

[4] WUSSING, H., Mathematik in der Antike. 2. Aufl., B. G. Teubner Verlagsgesellschaft, Leipzig 1965.

[5] WUSSING, H., Die Genesis des abstrakten Gruppenbegriffes. VEB Deutscher Verlag der Wissenschaften, Berlin 1969.

[6] VAN DER WAERDEN, B. L., Erwachende Wissenschaft. Birkhäuser-Verlag, Basel—Stuttgart 1956.

[7] ZEUTHEN, H. G., Die Mathematik im Altertum und im Mittelalter. In: Kultur der Gegenwart III, 1, B. G. Teubner, Leipzig—Berlin 1912.

[8] TANNERY, P., Pour l'histoire de la science hellène. 2. éd., Gauthier-Villars, Paris 1930.

[9] STRUIK, D. J., Abriß der Geschichte der Mathematik. 5. Aufl., VEB Deutscher Verlag der Wissenschaften, Berlin 1973/4. Aufl., Friedr. Vieweg + Sohn GmbH, Braunschweig 1967 (Übersetzung aus dem Amerikanischen).

[10] HOFMANN, J. E., Geschichte der Mathematik. Bd. I. Von den Anfängen bis zum Auftreten von FERMAT und DESCARTES. 2. Aufl., de Gruyter, Berlin 1963.

[11] История математики с древнейших времен до начала XIX столетия. Том первый. Наука, Москва 1970.

[12] WUSSING, H., Zur Grundlagenkrisis der griechischen Mathematik. In: Hellenische Poleis. Herausgegeben von E. CH. WELSKOPF. Akademie-Verlag, Berlin 1973.

Über diophantische Gleichungen und damit zusammenhängende zahlentheoretische Probleme:

[13] GELFOND, A. O., Die Auflösung von Gleichungen in ganzen Zahlen. (Diophantische Gleichungen). 5. Aufl., VEB Deutscher Verlag der Wissenschaften, Berlin 1973 (Übersetzung aus dem Russischen).

[14] DYNKIN, E. B., und W. A. USPENSKI, Mathematische Unterhaltungen, II. Aufgaben aus der Zahlentheorie. 3. Aufl., VEB Deutscher Verlag der Wissenschaften 1967 (Übersetzung aus dem Russischen).

[15] MORDELL, L. J., Two papers on number theory. VEB Deutscher Verlag der Wissenschaften 1972.

[16] BOREVIČ, Z. I., und I. R. ŠAFAREVIČ, Zahlentheorie. Birkhäuser-Verlag, Basel—Stuttgart 1966 (Übersetzung aus dem Russischen).

[17] CASSELS, J. W. S., An Introduction to Diophantine Approximation. Cambridge University Press 1957.

[18] Algebraic number theory. Edited by J. W. S. CASSELS and A. FRÖHLICH. Academic Press, London—New York 1967.

[19] LANDAU, E., Diophantische Gleichungen mit endlich vielen Lösungen. Neu herausgegeben von A. WALFISZ. VEB Deutscher Verlag der Wissenschaften, Berlin 1959.

[20] DAVENPORT, H., The higher Arithmetic. Harper & Brother, New York 1963.

[21] SKOLEM, TH., Diophantische Gleichungen, Springer-Verlag, Berlin 1938.

[22] Streifzüge durch die Mathematik, Bd. 1. Urania-Verlag, Leipzig—Jena—Berlin 1965.

Zum Problemkreis algebraische Kurven, algebraische Geometrie

[23] HAUSER, W., und W. BURAU, Integrale algebraischer Funktionen und ebene algebraische Kurven. VEB Deutscher Verlag der Wissenschaften, Berlin 1958.

[24] SCHAFAREWITSCH, I. R., Grundzüge der algebraischen Geometrie. VEB Deutscher Verlag der Wissenschaften, Berlin / Friedr. Vieweg + Sohn, Braunschweig 1972 (Übersetzung aus dem Russischen).

Zur Gruppentheorie:

[25] ALEXANDROFF, P. S., Einführung in die Gruppentheorie. 8. Aufl. VEB Deutscher Verlag der Wissenschaften, Berlin 1973 (Übersetzung aus dem Russischen).

Zur Theorie der analytischen Funktionen:

[26] MARKUSCHEWITSCH, A. I., Skizzen zur Geschichte der analytischen Funktionen. VEB Deutscher Verlag der Wissenschaften, Berlin 1955 (Übersetzung aus dem Russischen).

Namenverzeichnis